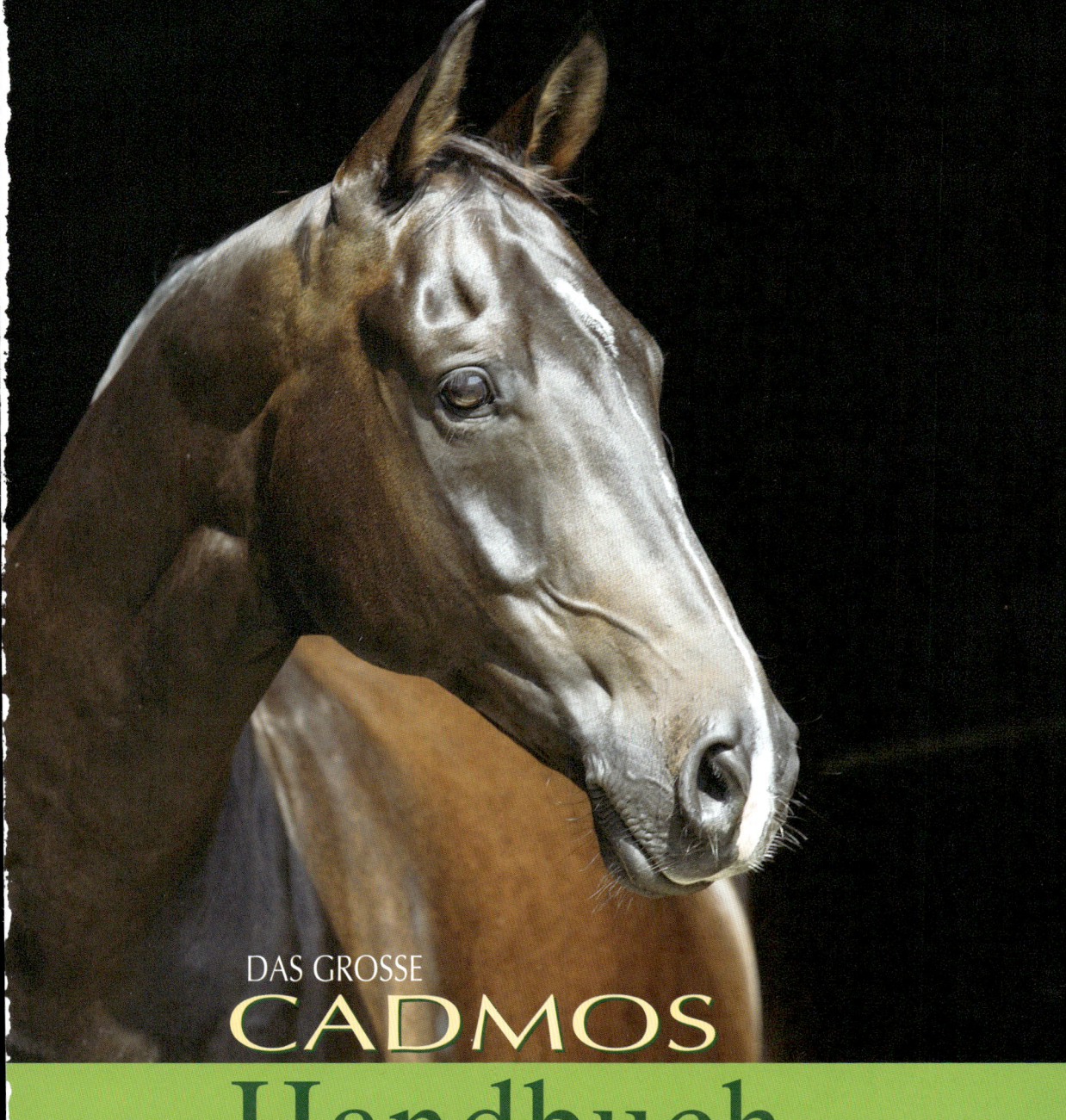

DAS GROSSE

CADMOS

Handbuch
Pferderassen

DIE WICHTIGSTEN RASSEN AUS ALLER WELT

DAS GROSSE

CADMOS

Handbuch

Pferderassen

DIE WICHTIGSTEN RASSEN AUS ALLER WELT

von Jessica Bunjes

Impressum

Copyright © 2008 by Cadmos Verlag GmbH, Brunsbek
Gestaltung und Satz: Ravenstein + Partner, Verden
Titelfoto: Sabine Stüwer
Fotos ohne Fotonachweis: Christiane Slawik
Lektorat: Anneke Bosse
Druck: LVDM, Linz

Printed in Austria

ISBN 978-3-86127-448-3

INHALT

VORWORT

Die Beschäftigung mit dem Pferd, die in der ganzen Welt seit über 5000 Jahren als intensive Partnerschaft, Zweckverbindung, Leidenschaft, Beruf oder Hobby gelebt wird, ist so vielfältig, wie die Pferde selbst es sind. In Größe, Farbe, Körperbau, Gewicht, Eignung, Charakter und Entstehungsgeschichte so verschieden und dennoch so ähnlich, üben die Pferde seit jeher eine unvergleichliche Faszination auf den Menschen aus, haben Welten mitentdeckt, sind Seite an Seite mit dem Zweibeiner in Kriege gezogen, dienten als „Arbeitsmaschinen" und waren immer auch Freunde und Partner mit ganz eigenen, unveränderlichen Charakteristika. Nie lernte das domestizierte Pferd nur vom Menschen. Immer lernte der Mensch auch vom Pferd.

So soll dieses kompakte Handbuch sowohl für diejenigen informativ und lesenswert sein, die vieles über einzelne Pferderassen wissen wollen, als auch für diejenigen, die vieles über eben jene Rassen schon wissen. Denn es vereint in kompakter und übersichtlicher Form viel Wissenswertes über mehr als 120 internationale Rassen. Die Einteilung in die fünf Kategorien „Warmblüter und Reitpferde", „Ponys und Kleinpferde", „Kaltblüter", „Vollblüter und Traber" sowie „Besondere und bedrohte Rassen" bietet einen schnellen Überblick in einer sinnvollen Ordnung. Die einzelnen Rasseporträts werden durch ausdrucksstarke Fotos ergänzt. Sie zeigen auf den ersten Blick, in welch faszinierender Vielfalt uns das Pferd auf den Kontinenten dieser Welt begegnet.

Bei weltweit einigen Hundert Rassen kann dieses Handbuch nur eine subjektive Auswahl bieten. Ich habe versucht, mich auf die meiner Meinung nach national und international bedeutendsten Rassen zu konzentrieren, ohne einige besonders reizvolle Exoten (die beispielsweise in der Geschichte der Spezies Pferd eine wichtige Rolle gespielt haben) außen vor zu lassen.

Der wichtigste Anspruch des großen Cadmos-Handbuchs Pferderassen ist jedoch, die vielen verschiedenen Pferde so darzustellen, dass die Porträts ihren jeweils ganz besonderen Eigenschaften möglichst in jeder Hinsicht gerecht werden.

Jessica Bunjes, im März 2008

WARMBLÜTER UND REITPFERDE

Reiten ist Volkssport und das Pferd vielen Menschen liebster Wegbegleiter, Sportpartner und Freund. Was früher den Wohlhabenden vorbehalten war, ist längst ein Breitensport geworden: Das Pferd hat nicht nur die Länder der Welt, sondern vor allem die Herzen der Menschen aller Kontinente erobert.

Die Ahnen unserer heutigen Warmblüter waren schlanke Steppenpferde, ursprünglich zu Hause in den Gebieten zwischen Nordwestafrika bis Turkmenistan. Der Begriff „Warmblut" wurde erst in der zweiten Hälfte des 19. Jahrhunderts von dem Tierzüchter Hermann von Nathusius (1809–1879) geprägt. Er bezeichnet vielseitig einsetzbare Reitpferde, die aus den heimischen Landschlägen unter Einkreuzung verschiedener Rassen und Veredler entstanden sind. Besonders erfolgreich in der Zucht moderner Warmblüter war und ist

Deutschland. Hier entwickelten sich die freizeitmäßige und gleichzeitig die ländliche Turnierreiterei nach dem Ersten Weltkrieg. Schon fast sechzig Jahre zuvor, 1864, hatte man ganz woanders – in Irland nämlich – die erste jemals ausgetragene Springkonkurrenz veranstaltet. Die irische „Royal Dublin Society" hatte sie damals in Dublin im Rahmen einer ersten Pferdeausstellung organisiert. Über England fand der Springsport schnell seinen Weg auf den europäischen Kontinent. 1912 war Reitsport, mit Spring-, Dressur- und Militaryprüfungen, zum ersten Mal olympische Disziplin (in Stockholm). Die Ursprünge des Dressurreitens hingegen gehen sogar zweieinhalb Jahrtausende zurück – bis zum griechischen Geschichtsschreiber Xenophon. Die Erkenntnisse jenes Reitmeisters haben heute noch in ihren Grundzügen Gültigkeit.

HANNOVERANER

DER PRÄGENDE

Die hannoversche Zucht ist mit rund 19.000 eingetragenen Zuchtstuten und 420 Hengsten (Stand 2007) eine der größten der Welt – mit enormem Einfluss auf viele andere Warmblutzuchten. In Deutschland prägte der Hannoveraner alle Warmblutrassen außer Holsteiner und Trakehner, und er stand Pate für das Deutsche Reitpferd. Zuchtziel ist ein Sportler, der „aufgrund seiner Veranlagung, seines Temperamentes und seines Charakters als Leistungs- und Freizeitpferd besonders geeignet ist". Streng geachtet wird auf korrektes Gebäude.

Die Anfänge der Zucht liegen im 16. Jahrhundert: Das „hannöversche Pferd" wurde in der Landwirtschaft, beim Militär und im Sport eingesetzt. Damals wie heute war ein Großteil der Stuten in bäuerlicher Hand. 1735 gründete der König von Hannover und England, Georg I., das Landgestüt Celle. Die inzwischen staatliche Einrichtung und die private Körperschaft des Hannoveraner Verbandes sind heute voneinander unabhängige Organisationen, die eng zusammenarbeiten. Zu Beginn des 19. Jahrhunderts veredelten Vollblut- und englische Halbbluthengste die Rasse. Das hannoversche Stutbuch existiert seit 1888, 1922 wurde der Verband hannoverscher Warmblutzüchter gegründet. Nach dem Zweiten

Steckbrief

Herkunft:	Niedersachsen, Deutschland
Zuchtverband:	Hannoveraner Verband
Hauptzuchtgebiet:	Niedersachsen, Deutschland
Verbreitung:	weltweit
Stockmaß:	angestrebt ist ein Mittelwert um 1,65 Meter
Farben:	alle Grundfarben
Zuchtziel:	Deutsches Reitpferd; modernes, edles Sportpferd im Rechteckformat von unterschiedlichem Kaliber, als Leistungs- und Freizeitpferd geeignet
Temperament:	umgänglich, sensibel, nervenstark, lernfähig, mutig und einsatzfreudig
Verwendung:	Sport- und Freizeitpferd für alle Disziplinen
Besonderheiten:	Seit 1949 richtet der Verband in Verden/Aller professionelle Vermarktungsveranstaltungen aus, die ihresgleichen suchen.
Kontakt:	**www.hannoveraner.com**

Weltkrieg entschied sich auch der Hannoveraner Verband für einen Typenwandel seines bodenständigen Pferdes, Trakehner und Vollblüter wurden erneut zur Veredelung eingesetzt.

Die Fusion

Im Juni 2005 haben sich die Pferdezuchtverbände Hessen und Hannover zusammengeschlossen. Für eine Übergangszeit von vier
Jahren (bis 2009) wird in Hannover ein hessi-
sches Stutbuch geführt. Alle in Hessen registrierten Pferde werden bis dahin noch den
hessischen Brand bekommen und danach den
hannoverschen. Die hessischen Züchter sind
über den Bezirksverband Hessen im Hannoveraner Verband vertreten.

DAS FÜRSTENTUMSPFERD

Als die hessische Pferdezucht vor Jahrhunderten ihren Anfang nahm, war Hessen in viele kleine Fürstentümer aufge-
splittet. Ab etwa 1700 wurden nach und nach die ersten
Zuchtstätten von den Landesfürsten gegründet. Besondere
züchterische Bedeutung erlangte das 1724 von Landgraf
Karl gegründete Gestüt Beberbeck, das 1876 preußisches
Hauptgestüt wurde. Die Bauern produzierten ein anspruchs-
loses Arbeitspferd, während der Adel Streitrösser für seine
Ritterspiele und Feldzüge benötigte. Aufgrund dieses unterschiedlichen Bedarfs entwickelte sich auch die Rasse
uneinheitlich. In den verschiedenen Landgestüten – Beberbeck, Kassel, Darmstadt, Sababurg, Dillenburg – ging man
verschiedene Wege, um die Landespferdezucht voranzu-
bringen. Züchterische Impulse gingen unter anderem in die
Hannoveranerzucht ein.

   Zur Veredelung des Hessenpferdes wurden orientalische,
neapolitanische und englische Hengste eingesetzt. In der
ersten Hälfte des 20. Jahrhunderts standen die Zucht des
Kaltblutpferdes und des Wirtschaftswarmblutpferdes auf
Basis von Oldenburger- und Holsteiner-Blutlinien im Vordergrund.

Steckbrief

Herkunft:	*Hessen, Deutschland*
Zuchtverband:	*Hannoveraner Verband, Bezirksverband Hessen*
Hauptzuchtgebiet:	*Hessen, Deutschland*
Verbreitung:	*Deutschland*
Stockmaß:	*1,60 bis 1,75 Meter*
	(angestrebt ist ein Mittelwert von 1,65 Meter)
Farben:	*alle Grundfarben plus Schecken*
Zuchtziel:	*Deutsches Reitpferd*
Temperament:	*leistungsbereit, rittig, umgänglich, nervenstark*
Verwendung:	*Sport- und Freizeitpferd*
Besonderheiten:	*Durch die Aufsplittung Hessens in viele kleine Fürstentümer entwickelte sich die Zucht über 100 Jahre lang uneinheitlich.*
Kontakt:	**www.pferdezucht-hessen.de**

   Nach dem Zweiten Weltkrieg wurde der Typ vereinheit-
licht und mit Vollblütern, Trakehnern, Hannoveranern, Westfalen und Oldenburgern veredelt.

HOLSTEINER

DER LEISTUNGSSPORTLER

Die Holsteiner gelten weltweit als die besten Springpferde, sie haben sich aber auch in der Vielseitigkeit, im Fahrsport und in der Dressur hervorragend bewährt. Das Holsteiner Pferd ist eine der ältesten deutschen Pferderassen. Schon im 9. Jahrhundert kam die Pferdezucht im Land zwischen den Meeren zu einer ersten Blüte, nachdem der Adel und die Klöster spanische Pferde in die heimischen Bestände eingekreuzt hatten. Sie prägten den Holsteiner Typ mit.

Urkundlich erwähnt wurde die Rasse erstmals Anfang des 13. Jahrhunderts, ab dem 16. Jahrhundert nahmen sich die holsteinischen Landherren der Zucht an. Kreuzungsprodukte aus Holsteinern und spanischen Pferden beeinflussten viele Pferdezuchten in Deutschland und Europa. So setzte 1732 das preußische Hauptgestüt Trakehnen auf Holsteinergene, und 1735 kaufte das gerade gegründete hannoversche Landgestüt Celle 13 Holsteinerhengste. Ende des 18. Jahrhunderts war der Holsteiner eine der begehrtesten Pferderassen der Welt.

Steckbrief

Herkunft:	die Marschgebiete Schleswig-Holsteins, Deutschland
Zuchtverband:	Verband der Züchter des Holsteiner Pferdes
Hauptzuchtgebiet:	Schleswig-Holstein, Deutschland
Verbreitung:	weltweit
Stockmaß:	angestrebt wird ein Mittelwert von 1,60 bis 1,70 Meter
Farben:	vor allem Braune und Schimmel, selten Füchse, keine Schecken
Zuchtziel:	athletisches, großliniges und ausdrucksvolles Reitpferd mit idealen Anlagen für den Springsport, aber auch für Dressur und Vielseitigkeit
Temperament:	unkompliziert, einsatzfreudig, nervenstark, ausgeglichen und zuverlässig
Verwendung:	Springen, Vielseitigkeit, Dressur, Fahren, Freizeit
Besonderheiten:	ausgesprochene Springpferdezucht
Kontakt:	www.holsteiner-verband.de

Er hat sich über die Jahrhunderte seinen Typ bewahrt, auch wenn er sich vom Wirtschaftspferd zum eleganten Sportler entwickelte. Das geschah maßgeblich ab dem 19. Jahrhundert durch die Anpaarung mit Vollblut- und englischen Halbbluthengsten. Die Zucht lag damals weitestgehend in bäuerlicher Hand. 1874 gründete die preußische Gestütsverwaltung das Landgestüt Traventhal bei Bad Segeberg. Bis dahin war die Holsteinerzucht rein privat organisiert gewesen. 1891 schlossen sich die Pferdezuchtvereine der Holsteiner Marschen zusammen – die Geburtsstunde des Holsteiner Verbandes. 1894 wurde die Reit- und Fahrschule Elmshorn gegründet (heute Geschäftssitz). 1935 wurden die Züchter der Geest und Marsch auf Beschluss des nationalsozialistischen Landwirtschaftsministeriums im Verband der Züchter des Holsteiner Pferdes zusammengeschlossen. Mit der Auflösung des Landgestüts 1960 und der Übernahme von 33 Hengsten aus dem staatlichen Bestand wurde der Verband zum wichtigsten Hengsthalter in Schleswig-Holstein.

Zur Veredelung wurde ab Beginn der 1960er-Jahre vorrangig auf Englische Vollblüter gesetzt: Vererber wie *Cottage Son xx*, *Ladykiller xx* und *Marlon xx* setzten sich am nachhaltigsten durch. Über den Angloaraber *Ramses x* wurden auch arabische Gene sehr erfolgreich in Holstein verankert. Der Anglonormanne *Cor de la Bryère* begründete nach der Veredelungsphase eine weitere hocherfolgreiche Linie, die den Ruf des modernen Holsteiners geprägt hat. Der Holsteiner Verband gliedert sich in elf Körbezirke. Etwa 7500 Zuchtstuten sind registriert, rund 250 Hengste im aktiven Zuchteinsatz. Die Privathengsthaltung ist eine starke Säule der Zucht.

TRAKEHNER

DER EDLE

Die Trakehnerzucht datiert auf das Jahr 1732 zurück und nimmt für sich in Anspruch, die älteste deutsche Reitpferderasse zu sein. Jeder Trakehner lässt sich genetisch lückenlos auf die Zuchtpferde des Hauptgestüts Trakehnen zurückführen: Preußenkönig Friedrich Wilhelm I. begründete 1732 das Königliche Stutamt Trakehnen – das größte Haupt- und Landgestüt aller Zeiten. Die Rasse basiert auf den in Ostpreußen entstandenen Warmblutpferden mit hohen Anteilen des Englischen und Arabischen Vollbluts sowie des Shagya- und Angloarabers. 1787 wurde die Elchschaufel als Brandzeichen eingeführt. Während zu Blütezeiten Anfang der 1940er-Jahre rund 25.000 Stuten registriert waren, brach die Rasse mit Ende des Zweiten Weltkrieges quasi zusammen: Ostpreußen fiel an die sowjetische Armee, Menschen und Pferde verließen das Land gen Westen. Die Verluste auf dem legendären Treck waren groß: Nur 1500 Tiere blieben übrig, die in den Wirren der Nachkriegszeit in ganz Deutschland verteilt wurden. Lediglich 27 Stuten aus dem Hauptgestüt Trakehnen konnten gerettet werden. Seit 1945 wird mit den noch zur Verfügung stehenden genetischen Anteilen des Ostpreußischen Warmblutpferdes Trakehner Abstammung nach dem Reinzuchtprinzip gezüchtet. In den 1960er- und 70er-Jahren spielte die Trakehner Rasse eine tragende Rolle im Um-

züchtungsprozess der Landespferdezuchten zum Deutschen Reitpferd. Die hannoversche und die oldenburgische Zucht haben beispielsweise von den Trakehnergenen profitiert.

Steckbrief

Herkunft:	ursprünglich Ostpreußen, seit 1945 Deutschland
Zuchtverband:	Verband der Züchter und Freunde des Ostpreußischen Warmblutpferdes Trakehner Abstammung
Hauptzuchtgebiet:	Deutschland
Verbreitung:	weltweit
Stockmaß:	1,60 bis 1,70 Meter
Farben:	alle
Zuchtziel:	ein im Trakehner Typ stehendes, großrahmiges, harmonisches und vielseitig veranlagtes Reit- und Sportpferd, geprägt durch Ausdruck und Adel, mit schwungvollen Bewegungen und gutem Interieur
Temperament:	sensibel, mutig, einsatzfreudig, nervenstark
Verwendung:	Dressur, Vielseitigkeit, Jagd, Fahren, Freizeit
Besonderheiten:	Die Zucht datiert auf 1732, brach aber mit dem Zweiten Weltkrieg zusammen. Ein kleiner Bestandteil der ostpreußischen Pferde gelangte nach einer kräftezehrenden Flucht in den Westen: die härteste Leistungsprüfung in der Geschichte der modernen Pferdezucht.
Kontakt:	www.trakehner-verband.de

OLDENBURGER

DER SPÄTENTWICKLER

Die Oldenburgerzucht wird seit Jahrhunderten von privaten Hengsthaltern bestimmt, es gab nie ein Landgestüt. Schon im 17. Jahrhundert wurden im Großherzogtum Oldenburg auf der Grundlage des Marschpferdes noble Karosseriers gezüchtet. Unter Graf Anton Günther von Oldenburg (1583 bis 1667) erreichte die Oldenburgerzucht europaweite Bedeutung. 1820 wurde die erste staatliche Körung ausgerichtet, Zuchtziel war ein „starkes, elegantes Kutschpferd mit räumenden Gängen". Ein Stammregister wurde 1861 eingeführt, 1887 wurden zwei Pferdezuchtverbände gegründet. Sie fusionierten 1923 zum Verband der Züchter des Oldenburger Pferdes mit damals knapp 11.000 Stuten (2007: 7300). Es folgten Veredelungsmaßnahmen durch den Einsatz zweier Fremdhengste, Derbysieger *Lupus xx* (1935) und Anglonormanne *Condor* (1950), der zwei Drittel Vollblut führte. Erst spät, seit Ende der 1950er-Jahre, wurde von der Wirtschafts- auf die Sportpferdezucht umgesattelt und massiv Vollblut zur Veredelung eingesetzt. In den 1970er-Jahren hinterließ der Franzose *Furioso II.* entscheidende Spuren. Auch andere deutsche Zuchten beeinflussten die Rasse mit dem gekrönten O-Brand auf dem Hinterschenkel, darunter Hannoveraner, Trakehner, Holsteiner und Westfalen. Der Springpferdezuchtverband Oldenburg International (OS), 2001 gegründet, arbeitet eng mit dem Oldenburger Verband zusammen und hat sich zum Ziel gesetzt, herausragende Springpferde zu züchten.

Steckbrief

Herkunft:	Oldenburger Land (Niedersachsen), Deutschland
Zuchtverband:	Verband der Züchter des Oldenburger Pferdes
Hauptzuchtgebiet:	Oldenburger Land, Deutschland
Verbreitung:	weltweit
Stockmaß:	1,60 bis 1,75 Meter
Farben:	alle
Zuchtziel:	Deutsches Reitpferd
Temperament:	leistungsstark, freundlich, vielseitig
Verwendung:	alle Sparten des Sport- und Freizeitreitens
Besonderheiten:	Es hat in der Geschichte der Rasse nie ein Oldenburger Landgestüt gegeben.
Kontakt:	**www.oldenburger-pferde.com**

DEUTSCHES SPORTPFERD

Steckbrief

Herkunft:	Ostdeutschland
Zuchtverband:	Pferdezuchtverband Brandenburg-Anhalt, Pferdezuchtverband Sachsen-Thüringen
Hauptzuchtgebiet:	Brandenburg (einschließlich Berlin), Sachsen, Sachsen-Anhalt, Thüringen, Deutschland
Verbreitung:	Europa, USA, Kanada
Stockmaß:	1,60 bis 1,75 Meter
Farben:	alle
Zuchtziel:	Deutsches Reitpferd
Temperament:	leistungsbereit, rittig, umgänglich
Verwendung:	alle Sportdisziplinen, Freizeit
Besonderheiten:	Im Deutschen Sportpferd vereinen sich die Rassen Brandenburger, Sachse, Sachsen-Anhaltiner und Thüringer.
Kontakt:	**www.brandenburger-pferd.de** **www.pferdezucht-sachsen-thueringen.de** **www.pferde-sachsen-anhalt.de**

Basis für das regional übergreifende, moderne Zuchtprogramm sind rund 6500 Reitpferdestuten. Zuchtziel sind qualitätsvolle, rittige Sportpferde für alle Disziplinen des Turniersports sowie für den Freizeitbereich.

Brandenburger und Sachsen-Anhaltiner

Die Pferdezucht in der Mark Brandenburg wurde erstmals im 15. Jahrhundert erwähnt. Die Anpaarung von englischen Vollbluthengsten, Trakehnern und Hannoveranern brachte ein bodenständiges, vielseitiges Warmblutpferd mit besten Charaktereigenschaften hervor. Untrennbar mit der Zuchtgeschichte verbunden ist das 1788 unter Friedrich Wilhelm II. errichtete Haupt- und Landgestüt Neustadt/Dosse. Der Verband der Brandenburger Pferdezüchter gründete sich 1922 mit 6300 eingetragenen Stuten. Im Zweiten Weltkrieg wurde er zerschlagen – 80 Prozent der Stuten gingen verloren, wertvolle Hengste verließen Deutschland als Reparationsleistung.

1945 wurden das Gestüt in Neustadt/Dosse und die Zucht wieder aufgebaut und der Sportpferdetyp mit schwungvollen, raumgreifenden Bewegungen neues Zuchtziel. Großen Einfluss hatte Hannoveranerblut. Die Zentralisierung der Stutenbestände in Gestüten und großen landwirtschaftlichen

FÜR DIE ZUKUNFT GERÜSTET

Die früheren ostdeutschen Pferdezuchtverbände Berlin-Brandenburg, Sachsen, Sachsen-Anhalt und Thüringen haben sich 2003 zusammengeschlossen und verfolgen seither unter der Rassebezeichnung „Deutsches Sportpferd" ein gemeinsames Zuchtprogramm. 2005 verschmolzen ferner die Pferdezüchter aus Sachsen und Thüringen zu einem Verband mit Sitz in Moritzburg. 2007 schlossen sich die Pferdezuchtverbände Sachsen-Anhalt und Berlin-Brandenburg zum Verband Brandenburg-Anhalt zusammen. Ihr Sitz ist in Neustadt/Dosse.

Betrieben sowie das Engagement privater Züchter sorgten für die Entstehung solider Stutenstämme. Sie gingen nach 1990 weitgehend in Privathand über und bilden heute die Basis des Bestandes.

Sachsen-Anhalt ist klassisches hannoversches Nachzuchtgebiet mit dem Landgestüt Radegast bei Halle als Zentrum. Während im 18. Jahrhundert „Edelpferde" gezüchtet wurden, ging der Trend im 19. Jahrhundert zum starken Arbeitspferd. Ab 1944 wurde ein „Gestütsbuch für Edles Warmblut" eröffnet – bis dato hatte es nur Bücher für Kaltblutpferde und das Schwere Warmblut gegeben. Innerhalb der DDR-Zucht entwickelte sich ein Reitpferd, das den Wettbewerb mit den anderen deutschen Zuchtverbänden nicht scheuen musste.

Sachse und Thüringer

Die Geschichte der – mehr oder weniger ungerichteten – Pferdezucht in den Freistaaten Sachsen und Thüringen lässt sich bis ins 9. Jahrhundert zurückverfolgen. 1903 wurde das erste Stutbuch angelegt, 1920 das „Sächsische Pferdestammbuch", 1921 der Landesverband der Pferdezüchter Thüringens gegründet. 1922 wurde das erste Körgesetz erlassen. Bedingt durch wirtschaftliche Erfordernisse wurde vorrangig ein Arbeitspferd gezüchtet. Die Reitpferdezucht in Thüringen begann erst Ende der 1960er-Jahre. Basis war mecklenburgisch-hannoversches Blut.

MECKLENBURGER

Steckbrief

Herkunft:	Mecklenburg-Vorpommern, Deutschland
Zuchtverband:	Verband der Pferdezüchter Mecklenburg-Vorpommern
Hauptzuchtgebiet:	Mecklenburg-Vorpommern, Deutschland
Verbreitung:	Deutschland
Stockmaß:	1,60 bis 1,70 Meter
Farben:	alle
Zuchtziel:	Deutsches Reitpferd
Temperament:	gutmütig, rittig, leistungsbereit
Verwendung:	alle Disziplinen, Freizeit
Besonderheiten:	Seit Ende der 1990er-Jahre wird die Zucht verstärkt und konsequent verbessert.
Kontakt:	www.mecklenburger-pferde.de

FÜR JEDEN ZWECK

Die Pferdezucht in Mecklenburg ist seit dem 14. Jahrhundert dokumentiert. Begründer der Rasse ist Herzog Gustav Adolph. Er kreuzte Ende des 17. Jahrhunderts Landstuten mit orientalischen, englischen, iberischen und friesischen Hengsten. 1812 wurde das Landgestüt Redefin durch Herzog Friedrich Franz I. von Mecklenburg-Schwerin gegründet. Vom 18. bis zur Mitte des 19. Jahrhunderts war der Mecklenburger in Europa ein hoch angesehenes Pferd. Dann begann der (zu) massive Einsatz von englischen Vollblutpferden in der Zucht. Qualitätsvolle, elegante Reit- und Wagenpferde entstanden – aber sie wurden zu leicht. Im letzten Drittel des 19. Jahrhunderts verlor der Mecklenburger seinen hervorragenden Ruf: Politische und soziale Entwicklungen brachten eine intensivierte Landwirtschaft mit sich, englische und französische Kaltblüter wurden mit den edlen Warmblutstuten angepaart, um starke Arbeitspferde zu bekommen. Folge: ein bunt gemischtes Genmaterial. Um dem Verfall der Zucht entgegenzuwirken, wurde 1895 ein Zuchtziel aufgesetzt. 1960 setzte erneut ein Veredelungsprozess Englischem Vollblut ein.

Nach der deutschen Wiedervereinigung konzentrierten sich die Züchter erfolgreich auf ein leicht zu handhabendes, leistungsbereites und korrekt gebautes, ausdrucksstarkes Pferd. Die jahrhundertealte Verbindung zur hannoverschen Zucht wurde gestärkt, Holsteinerblut zur Verbesserung des Springvermögens eingesetzt.

DER VIELSEITIGE TYP

Die westfälische Pferdezucht gehört zur Weltspitze. Kein Wunder: Westfalen ist Pferdeland, das Pferdezentrum in Warendorf ist das Mekka der Reitsportler. Vom Typ her dem Hannoveraner ähnlich, zeigt der Westfale eine vielseitige Begabung für alle Disziplinen bei hoher Lern- und Leistungsbereitschaft. Ursprünglich geht die Rasse auf Wildpferde zurück, die in Westfalen lebten. 1826 wurde das Landgestüt Warendorf gegründet, doch die ersten Nachkommen der Landbeschäler waren aufgrund des schlechten Stutenmaterials keine guten Produkte. Zucht- und Kreuzungsversuche mit Kaltblütern, Oldenburgern, Belgiern und Hannoveranern führten zu einem Rassegemisch. Ab 1888 definierten die ersten gegründeten Pferdezuchtvereine Zuchtziele. 1904 schlossen sich die westfälischen Züchter zu einem Pferdestammbuch zusammen. Seit 1920 ist die Zucht auf Erfolgskurs. Sie konzentrierte sich anfangs auf Pferde, die sowohl als Arbeitstiere vor dem Wagen als auch unter dem Sattel Leistung brachten. Auf Basis von hannoverschen Pferden und durch erfolgreiche Anpaarung mit Englischen Vollblütern sowie angloarabischen Veredlern entwickelte sich ein edles

Reitpferd. Neben dem nordrhein-westfälischen Landgestüt spielt auch die private Hengsthaltung eine große Rolle, die viele bedeutende Leistungslinien hervorgebracht hat.

Steckbrief

Herkunft:	Westfalen, Deutschland
Zuchtverband:	Westfälisches Pferdestammbuch e.V.
Hauptzuchtgebiet:	Westfalen mit dem Landgestüt in Warendorf, Deutschland
Verbreitung:	Deutschland, Europa, Nord- und Südamerika
Stockmaß:	1,58 bis 1,73 Meter
Farben:	alle, auch Schecken
Zuchtziel:	Deutsches Reitpferd
Temperament:	zuverlässig, nervenstark, lernbereit, einsatzfreudig
Verwendung:	alle Disziplinen, auch Freizeit
Besonderheiten:	Westfalen machen in allen Disziplinen des Reitsports von sich reden; die Zucht konzentriert sich auf Dressur- und Springlinien.
Kontakt:	www.westfalenpferde.de

WÜRTTEMBERGER

DER LEISTUNGSSELEKTIERTE

Bis 1870 hat es kein einheitliches Zuchtziel gegeben – die Württemberger Warmblutzucht war dem Willen wechselnder Landesherren und dem des 1573 gegründeten Landgestüts Marbach unterworfen. Landoberstallmeister von Hofacker legte Ende des 19. Jahrhunderts den Grundstein für eine konsolidierte Zucht, die auf anglonormannisches Blut baute. 1895 wurde der Württemberger Zuchtverein ins Leben gerufen, zwei Jahre später der Verband der Oberbadischen Pferdezuchtvereine, der Verband der Mittelbadischen Pferdezuchtgenossenschaften folgte 1908. 1978 fusionierten die Zuchtverbände zum Pferdezuchtverband Baden-Württemberg. Die Veredelung des ursprünglich schweren Arbeitspferdes erfolgte nach dem Zweiten Weltkrieg mit Trakehner- und Vollbluthengsten; maßgeblichen Einfluss auf dem Weg zum Sportpferd hatte der Trakehner *Julmond*, der von 1960 bis 1965 als Hauptbeschäler in Marbach aufgestellt war. Ende der 1980er-Jahre führte der Verband das sogenannte „Wartehengstprogramm" ein: Nach 1988 geborene, gekörte Hengste müssen sich nach bestandener Leistungsprüfung im Sport beweisen, um grünes Licht für den Deckeinsatz zu bekommen. Wer nicht genügend Erfolg nachweisen kann oder sein Leistungsvermögen nicht in gewünschter Weise vererbt, wird ausgemustert.

Steckbrief

Herkunft:	Landgestüt Marbach/Baden-Württemberg, Deutschland
Zuchtverband:	Pferdezuchtverband Baden-Württemberg
Hauptzuchtgebiet:	Baden-Württemberg, Deutschland
Verbreitung:	Deutschland
Stockmaß:	1,65 bis 1,75 Meter
Farben:	alle Grundfarben, vor allem Braune und Füchse
Zuchtziel:	Deutsches Reitpferd
Temperament:	nervenstark, umgänglich, leistungsfähig
Verwendung:	alle Disziplinen des Sport- und Freizeitreitens
Besonderheiten:	Mit einem speziellen Programm („Wartehengstprogramm") verfolgte Baden-Württemberg als erster Verband eine leistungsorientierte Selektion unter den Hengsten, mit dem „Sportstutenregister" werden im Turniersport hocherfolgreiche Stuten für die Zucht angeworben.
Kontakt:	**www.pzv-bw.de**

DER UMGEZÜCHTETE

1839 wurde in der Fürstenresidenz Wickrath das rheinländische Landgestüt aufgebaut. Innerhalb von 60 Jahren erreichte die rheinisch-deutsche Kaltblutzucht einen so hohen Stellenwert, dass 1892 das Rheinische Pferdestammbuch und ein Stutbuch eingerichtet wurden. Als in den 1950er-/1960er-Jahren die Wirtschaftspferde ausgedient hatten, setzte zögerlich der Umzüchtungstrend vom gefragten Arbeits- zum modernen Sportpferd ein. Der Grundstein für eine qualitätsvolle Warmblutzucht war durch den 1949 gegründeten Rheinischen Verband der Warmblutzüchter gelegt worden. Hengste aus dem westfälischen Warendorf hielten Einzug ins Land und in die Zucht. Es wurden vor allem Trakehner, Vollblüter und Hannoveraner eingekreuzt. Seit 2002 ist das historische Schloss Wickrath in Mönchengladbach wieder Zentrum der rheinischen Pferdezucht. Das Westfälische und das Rheinische Pferdestammbuch arbeiten seit den 1990er-Jahren eng zusammen; unter anderem werden mehrmals jährlich Verkaufstage für Reitpferde in Wickrath und Aachen ausgerichtet.

Steckbrief

Herkunft:	Rheinland, Deutschland
Zuchtverband:	Rheinisches Pferdestammbuch
Hauptzuchtgebiet:	Rheinland, Deutschland
Verbreitung:	Deutschland, Europa
Stockmaß:	1,65 bis 1,75 Meter
Farben:	alle
Zuchtziel:	Deutsches Reitpferd
Temperament:	zuverlässig, leistungsbereit, freundlich, vielseitig
Verwendung:	in allen Disziplinen des Freizeit- und Leistungssports
Besonderheiten:	Das Rheinland war ursprünglich ein Zentrum der deutschen Kaltblutzucht; erst seit den 1950er-Jahren wird auf den sportlichen Warmbluttyp gesetzt.
Kontakt:	**www.pferdezucht-rheinland.de**

ZWEIBRÜCKER

Steckbrief

Herkunft:	Landgestüt Zweibrücken, Deutschland
Zuchtverband:	Pferdezuchtverband Rheinland-Pfalz-Saar
Hauptzuchtgebiet:	Rheinland-Pfalz-Saar, Deutschland
Verbreitung:	Deutschland
Stockmaß:	angestrebt sind 1,60 bis 1,70 Meter
Farben:	alle Grundfarben
Zuchtziel:	Deutsches Reitpferd
Temperament:	leistungsfreudig, ausgeglichen, rittig
Verwendung:	alle Sparten der Reiterei
Besonderheiten:	Berühmtester Fan der Rasse war Kaiser Napoleon, der dem Hofgestüt Zweibrücken den Angloaraber-hengst Fayoum als Beschäler schenkte.
Kontakt:	**www.pferdezucht-rps.de**

DER GRENZGÄNGER

Nach ihrer einstigen Zuchtstätte Zweibrücken werden die Pferde aus Rheinland-Pfalz-Saar heute noch benannt. Das Gestüt wurde 1775 von Herzog Christian IV. von Pfalz-Zwei-brücken gegründet. Er züchtete Pferde nach englischem Vorbild. Der noble Warmblüter entstand auf Basis heimi-scher, vom Englischen Vollblut und vom Araber geprägter Warmblutpferde, in Kombination mit Trakehnern, Hannove-ranern und Westfalen. Der Herzog selektierte den Rasse-schlag auf Leistung, die er vor allem in der Jagd forderte. Zweibrücken war aber auch Wiege der Angloaraberzucht. Zweibrücker Hengste waren unter anderem beim Preußen-könig Friedrich dem Großen für seine Trakehnerzucht be-gehrt. Die französischen Besatzungstruppen „entführten" die Pferde 1792 nach Frankreich, wo sie in Kaiser Napole-on einen neuen Fan fanden.

Bis zum Ersten Weltkrieg kamen aus Zweibrücken edle und kräftige Reit- und Fahrpferde. Dann wurde die Zucht auf schwere Arbeitswarmblüter umgestellt. Nach dem Zweiten Weltkrieg hieß das Zuchtziel „Deutsches Reitpferd"; Han-noveraner, Trakehner, Vollblüter und Westfalen wurden ein-gekreuzt. 1976 war mehr als die Hälfte aller Deckhengste Trakehner, später ging der Trend zum Hannoveraner und Hol-steiner, heute werden Hengste aus allen Reitpferdezuchten verwendet.

BAYERISCHES WARMBLUT

Steckbrief

Herkunft:	*Freistaat Bayern, Deutschland*
Zuchtverband:	*Landesverband Bayerischer Pferdezüchter*
Hauptzuchtgebiet:	*Bayern, Deutschland*
Verbreitung:	*Deutschland, Europa*
Stockmaß:	*1,58 bis 1,70 Meter*
Farben:	*alle*
Zuchtziel:	*Deutsches Reitpferd*
Temperament:	*umgänglich, einsatzfreudig, nervenstark, ausgeglichen, verlässlich*
Verwendung:	*Reit- und Sportzwecke jeder Art, vor allem Dressur, Springen, Vielseitigkeit*
Besonderheiten:	*Erst spät nahm man die Kulturrasse Rottaler – ein für den Reitsport ungeeignetes Wirtschaftspferd – aus der Zucht und verpasste so fast den Anschluss an die moderne Sportpferdezucht.*
Kontakt:	***www.bayerns-pferde.de***

DER ROTTALER-NACHFAHRE

Die Zucht von Reitpferden hat in Bayern eine jahrhundertealte Tradition. Basis ist der Rottaler, ein leichtfuttriges, zuverlässiges Wirtschaftspferd aus Niederbayern. Über den mittelschweren Warmblüter wird erstmals im Mittelalter berichtet. Er war seit 1745 planmäßig gezüchtet worden, eignete sich aber nicht für den Reitsport. In den 1960er-Jahren – auf dem Weg vom Arbeits- zum Sportpferd – wurden die Stämme mit Hannoveranern, Westfalen, Trakehnern und Vollblütern veredelt. Erst in den 70er-Jahren wurde der Rottaler aus der Zucht genommen, seit 1995 wird der Schlag auf Initiative der 1988 gegründeten IG Rottaler Warmblut wieder in einem kleinen Stutbuch als Spezialrasse geführt. Seit 1965 hat sich für das neue Sportpferd, dessen Stutenstämme stark hannoversch geprägt sind, die Bezeichnung „bayerisches Warmblut" durchgesetzt. Auch Holsteinerhengste wurden eingekreuzt. Zuchtzentrum ist seit 1980 das Haupt- und Landgestüt Schwaiganger in Bayern. Der Bayerische Pferdezüchterverband hat das „Wartehengstprogramm" aus Baden-Württemberg übernommen, das heißt, es werden nur Hengste zur Zucht zugelassen, die ihr Leistungsvermögen im Sport unter Beweis gestellt haben. Zusätzlich wird auf einen unkomplizierten Charakter der Pferde Wert gelegt.

DEUTSCHES PFERD

Steckbrief

Herkunft:	Deutschland
Zuchtverband:	Zuchtverband für deutsche Pferde
Hauptzuchtgebiet:	Deutschland
Verbreitung:	Europa
Stockmaß:	angestrebt sind 1,60 bis 1,70 Meter
Farben:	alle
Zuchtziel:	entspricht im Wesentlichen dem Zuchtziel des Deutschen Reitpferdes; edles, großliniges, korrektes Reitpferd mit schwungvollen, raumgreifenden, elastischen Bewegungen und gutem Springvermögen, für Reitzwecke jeder Art geeignet
Temperament:	umgänglich, vielseitig
Verwendung:	Sport und Freizeit
Besonderheiten:	Für die Zucht des Deutschen Pferdes sind alle europäischen Reitpferderassen anerkannt.
Kontakt:	**www.zfdp.de**

DER LIBERALE

1975 wurde der Zuchtverband für deutsche Pferde (ZfdP) mit Sitz in Verden/Aller gegründet und 1984 von der Deutschen Reiterlichen Vereinigung (FN) anerkannt. Heute werden vom ZfdP über 30 verschiedene Rassen betreut, wobei das Deutsche Pferd (früher Deutsches Reitpferd) den größten Teil ausmacht. Mit dem Deutschen Pferd hat der überregional tätige Verband seine eigene, noch junge Rasse – jung deshalb, weil züchten bedeutet, in Generationen zu denken, und eine Pferdegeneration etwa sieben Jahre umfasst. Für die Zucht des Deutschen Pferdes sind nahezu alle europäischen Reitpferderassen anerkannt.

Ziel des liberalen Zuchtverbandes für deutsche Pferde ist, dem Züchter mehr Freiheit in der Zucht zu verschaffen, ihm zu helfen und nicht unnötig zu bevormunden. Für die Züchter von Spezialrassen oder kleineren Populationen soll der Zuchtverband eine Möglichkeit bieten, mit ihren Pferden – unabhängig von regionalen Grenzen – eine Heimat zu finden.

Das vielseitige Deutsche Pferd ist von seinem Typ her den Vertretern der anderen deutschen Reitpferderassen sehr ähnlich.

SCHWERES WARMBLUT

Steckbrief

Herkunft:	Oldenburg, Ostfriesland, Sachsen, Schlesien und Thüringen
Zuchtverband:	Pferdezuchtverband Sachsen-Thüringen, Zuchtverband für das Ostfriesische und Alt-Oldenburger Pferd
Hauptzuchtgebiet:	Sachsen und Thüringen, Deutschland
Verbreitung:	Deutschland, Dänemark, Niederlande, Polen
Stockmaß:	1,58 bis 1,68 Meter
Farben:	meist Dunkelbraune und Rappen, Schimmel, Füchse
Zuchtziel:	kalibriges Pferd mit gutem Gangvermögen und einem außergewöhnlich ausgeglichenen Temperament
Temperament:	ausgeglichen, gutmütig, gelassen, zugwillig
Verwendung:	Alle Sparten des Fahr- und Reitsports, Freizeit
Besonderheiten:	Immer mehr Ostfriesen und Alt-Oldenburger werden auf Fahrturnieren mit Erfolgen bis zur Klasse S vorgestellt.
Kontakt:	**www.ostfriesen-alt-oldenburger.de** **www.pferde-sachsen-thueringen.de**

DER ALTE SCHLAG

Um 1910 erreichte die ostfriesische Pferdezucht des „kräftig gebauten, edlen und schweren ostfriesischen Pferdes, das sich sowohl als elegantes und gängiges Kutschpferd als auch als zugfestes Arbeitspferd eignet", einen Höhepunkt. Nach dem Ersten Weltkrieg brach der Markt für die schweren Pferde in dem Maß zusammen, in dem die Motorisierung zunahm – man setzte aufs Auto statt auf die Kutsche. Gebraucht wurde fortan ein Wirtschaftspferd, das als einheitlicher, qualitätsvoller Typ binnen der nächsten zwei Jahrzehnte entstand. Nachzuchtgebiete wurden in Sachsen, Schlesien und Thüringen begründet.

Bis zum Zweiten Weltkrieg war die Pferdezucht in Ostfriesland (und auch in Oldenburg) ein wichtiger Produktionszweig in der Landwirtschaft. Durch den Einsatz von Anglonormannen, schwerem englischem Warmblut und hannoverschen Halbbluthengsten kam die oldenburgische Zucht dem ostfriesischen Zuchtziel so nahe, dass ostfriesische Züchter verstärkt auf Oldenburger Pferde zurückgriffen. Doch nach

dem Krieg waren Arbeitspferde kaum noch gefragt, stattdessen wuchs die Nachfrage nach Reitpferden. In Ostfriesland wurden Vollblutaraber eingekreuzt, um diesen neuen Ansprüchen Rechnung zu tragen. Mitte der 1960er-Jahre war das so entstandene, vielseitig einsetzbare schwere Warmblut jedoch schon wieder überholt – jetzt forderte der Reitsport leichte, elegante und großrahmige Reitpferde. Die ostfriesische Pferdezucht wurde auf das hannoversche Zuchtziel umgestellt, während in Oldenburg das Sportpferd entstand. Folge: Ostfriesen und Alt-Oldenburger waren vom Aussterben bedroht. 1983 begannen einige Liebhaber mit einem Rückzüchtungsprogramm. Es wurden Stuten und vor allem Hengste aus den Nachzuchtgebieten in Sachsen und Polen, später aus Dänemark und den Niederlanden einbezogen. 1986 wurde der Zuchtverband für das Ostfriesische und Alt-Oldenburger Pferd gegründet, der 1988 als selbstständige Zuchtorganisation anerkannt wurde. Mittlerweile werden jährlich etwa 70 Fohlen geboren.

NIEDERLÄNDISCHES WARMBLUT (KWPN)

DAS KWPN-PFERD UND DIE SÄULEN DER ZUCHT

Aus der Verschmelzung der heimischen Schläge Groninger, ein schweres Warmblut, und dem Gelderländer, ein Gebrauchs- und Kutschpferd, entstand nach Veredelung mit Vollblut-, Holsteiner-, Trakehner- und Franzosenhengsten das moderne, sportliche KWPN-Pferd. In heutigen Stutenstämmen dominiert das Blut von Groningern, Gelderländern, Holsteinern, Hannoveranern und Franzosen.

Die niederländische Warmblutzucht ist in die Richtungen Reit-/Sportpferd mit den Untersektionen Springen und Dressur aufgeteilt, ferner gibt es die Zuchtrichtung Fahren (Harness/Tuigpaard) sowie die „Basispferde", die Gelder. In Amerika gibt es außerdem den Hunter als weitere Untersektion des Reittyps. Die Zucht wird systematisch und konsequent nach neuesten wissenschaftlichen Methoden und Erkenntnissen betrieben, besonderer Wert wird gelegt auf Gesundheit, Exterieur und Charakter. Ein einheitlicher Rassetyp steht dabei nicht im Vordergrund. Stuten und Hengste werden dreijährig geprüft und je nach Qualität registriert. Die Hengste werden nicht auf Lebenszeit gekört, sondern müssen sich zusätzlich im Sport beweisen. Das KWPN ist einer der größten Zuchtverbände der Welt.

Steckbrief

Herkunft:	Niederlande
Zuchtverband:	Koninklijk Warmbloed Paardenstamboek Nederland (KWPN)
Hauptzuchtgebiet:	Niederlande, Amerika
Verbreitung:	weltweit
Stockmaß:	1,60 bis 1,75 Meter
Farben:	alle
Zuchtziel:	Dressur-, Spring- und Fahrpferde, Gelder (Basispferde) beziehungsweise Hunter (in Amerika)
Temperament:	leistungsbereit, rittig, umgänglich, lebhaft, nervenstark
Verwendung:	Dressur, Springen, Fahren, Freizeit
Besonderheiten:	Das niederländische Warmblut gehört in die erste Garde der Sportpferdezucht und wird gekonnt vermarktet.
Kontakt:	www.kwpn.nl
	www.nawpn.org

SELLE FRANÇAIS

Steckbrief

Herkunft:	Frankreich
Zuchtverband:	Stud-Books Français du Cheval Selle Français
Hauptzuchtgebiet:	nördliches Frankreich mit den Landgestüten Le Pin, Saint Lo und Cluny
Verbreitung:	Europa
Stockmaß:	1,66 bis 1,75 Meter
Farben:	alle, meist Braune und Füchse, selten Schimmel
Zuchtziel:	großrahmiges, athletisches, edles und umgängliches Sportpferd mit viel Blut für alle Reitzwecke, vorrangig Springsport
Temperament:	anpassungsfähig, umgänglich, leistungsbereit, clever
Verwendung:	alle Disziplinen, vor allem Springen, Freizeit
Besonderheiten:	Springtechnik nahezu perfekt, viel Bascule und schnelles Vorderbein, enormes Vermögen
Kontakt:	www.sellefrancais.fr

DAS FRANZÖSISCHE REITPFERD

Das „Cheval de Selle Français", das Französische Reitpferd, ist ähnlich wie das Deutsche Reitpferd ein Zusammenschluss verschiedener französischer (Halbblut-)Reitpferderassen. Es entstand nach dem Zweiten Weltkrieg, als auch in Frankreich die systematische Sportpferdezucht das Gebot der Stunde war. 1958 haben die französischen Zuchtverbände – anders als in Deutschland – ihre Eigenständigkeit aufgegeben und sich im zentralen Verband zusammengeschlossen.

Basis des Selle Français ist der von Arabischem und Englischem Vollblut geprägte Anglonormanne. Ferner haben sich verstärkt reine Vollblüter (*Eclipse*, *Herod*, *Matchem*) und Traber verewigt. Bedeutende Stempelhengste waren *Furioso xx* sowie seine Nachkommen *Lutteur B*, *Pamone B* und *Almé Z*. Selektion wird anhand dreier Kriterien betrieben: Abstammungsanalyse, Gang und Gebäude sowie Turnierleistungen. Dressurveranlagung wird vernachlässigt, Springvermögen steht im Vordergrund. Seit 1963 gibt es ein Stutbuch. Die Franzosen haben durch ihre Topvererber viele europäische Sportpferdezuchten beeinflusst. Frankreich war für moderne wissenschaftliche Methoden früher als andere europäische Länder aufgeschlossen, unter anderem für künstliche Besamung und Embryotransfer.

BELGIER

Steckbrief

Herkunft:	Belgien
Zuchtverband:	Belgisch Warmbloedpaard (BWP), Le cheval de sport belge (sBs), Studbook Zangersheide
Hauptzuchtgebiet:	Belgien
Verbreitung:	Belgien, Europa, Amerika
Stockmaß:	1,60 bis 1,75 Meter
Farben:	alle außer Schecken
Zuchtziel:	ein für den Turniersport geeignetes, mittelschweres Leistungspferd
Temperament:	zuverlässig, ausgeglichen, leistungswillig
Verwendung:	vor allem Springsport
Besonderheiten:	Im kleinen Königreich Belgien gibt es keine staatlichen Gestüte, die Warmblutzucht wird über drei Verbände kontrolliert, einen Nachzuchtverband gibt es in Amerika.
Kontakt:	**www.bwp.be** **www.sbsnet.be** **www.zangersheide.com**

DER PARCOURSSPEZIALIST

Erst nach Ende des Zweiten Weltkrieges wurde in Belgien mit der systematischen Zucht von Sportpferden begonnen. Dafür wurde das leichte belgische Arbeitspferd mit dem Gelderländer angepaart. Heraus kamen solide Reitpferde mit wenig Vermögen für den Leistungssport. Holsteiner-, Hannoveraner- und Selle-Français-Blut sorgte dann für Springvermögen, Sportlichkeit, Bewegung und Takt, Angloaraber und Holländisches Warmblut gaben ihre Prise für Gebäude und Raumgriff hinzu. Vor allem der katholische Priester und Züchter André de Mey machte sich um die Zucht verdient, indem er wesentliche Impulse für die neue Sportpferdezucht auf Basis der Gelderländer gab.

Heute gibt es drei nebeneinander existierende Zuchtverbände, von denen der bekannteste das BWP ist. Schon seit 1920 existierte die „Society for Encouraging the Breeding of Horses for the Army", später bekannt als „The Royal Belgian Sports Horse Society" und seit 1991 als „Stud-Book sBs". 1955 wurde die „Nationale Fokvereiniging Warmbloed Paard" gegründet, 1988 der Name Belgisches Warmblutpferd (BWP) festgelegt. Der Verband hat seinen Sitz in Oud-Heverlee.1999 wurde das Stutbuch Zangersheide in Luxemburg als selbstständig anerkannt. Die Philosophie des in Zangersheide basiert auf einer springsportorientierten Leistungszucht. Die Zangersheide-Pferde tragen alle den Buchstaben Z als Namenszusatz.

Steckbrief

Herkunft:	*Friesland im Norden der Niederlande*
Zuchtverband:	*Koninklijke Vereniging*
	„Het Friesch Paarden-Stamboek"
Hauptzuchtgebiet:	*Niederlande*
Verbreitung:	*weltweit*
Stockmaß:	*1,50 bis 1,70 Meter (ideal: dreijährig 1,60 Meter)*
Farben:	*Rappen, keine Abzeichen*
Zuchtziel:	*harmonisches, edles Pferd mit taktreinen Gängen,*
	hoher Knieaktion und üppigem Langhaar sowie
	Fesselbehang
Temperament:	*lebendig, ehrlich, sanftmütig, lernwillig, neugierig*
Verwendung:	*Sport (Dressur, Fahren), Freizeit, Show, Zirkus,*
	Hohe Schule
Besonderheiten:	*mehrmals vom Aussterben bedroht*
Kontakt:	**www.fps-studbook.com**
	www.friesenpferde-zuchtverband.de
	www.df-z.de

DIE
SCHWARZEN PERLEN

Die Geschichte der Friesen lässt sich bis ins Jahr 3000 v. Chr. zurückverfolgen. Um 1200 fand sie über den Handelsweg friesischer Mönche den Weg nach Deutschland und England, wo das Pferd ein geschätztes Kriegsross wurde. Um 1600 kam der Friese in die niederländische Kolonie Forts Nieuw Amsterdam – heute New York. Seine erhabenen Gänge und die imposante Erscheinung machten ihn zum begehrten Kutschpferd. In der Zucht anderer Karossierpferde spielte der Friese eine entscheidende Rolle, zum Beispiel in den Zuchten Kladrub und Frederiksborg. Er hat außerdem sowohl das Shire Horse als auch das Fell Pony beeinflusst. Zum Barockpferd wandelte sich der Schwarze im 16./17. Jahrhundert, als orientalisches und andalusisches Blut zugeführt wurde. Im 19. Jahrhundert verebbte das Interesse. 1845 war die Rasse an einem Tiefpunkt, 1879 schlossen sich Züchter zusammen, um den Untergang der Friesen zu verhindern und gründeten das erste Stammbuch („Koninklijke Vereniging Het Friesch Paarden-Stamboek", kurz F.P.S.). Sie teilten es in zwei Register– eines für in Friesland gezogene und eines für gekreuzte Pferde. Der erste gelistete Hengst war *De Pauww*. 1907 wurde die Zweiteilung aufgegeben. 1913 gab es nur noch drei Deckhengste, „Het Friesch Paarden-Stamboek" sicherte erneut das Überleben der Rasse. Der Deutsche Friesenpferde-Zuchtverband wurde 1979 gegründet. 1992 spaltete er sich vom F.P.S. ab, daraufhin wurde der Verein Deutsche Friesen-Züchter im F.P.S als Vertretung des F.P.S. in Deutschland gegründet. Außer in Deutschland gibt es derzeit keine offiziellen Tochterstammbücher.

LIPIZZANER

Steckbrief

Herkunft:	Slowenien
Zuchtverband:	Lipizzan International Federation
Hauptzuchtgebiet:	Österreich, Slowenien, Ungarn, Slowakei, Italien, Rumänien
Verbreitung:	weltweit
Stockmaß:	1,50 bis 1,60 Meter (ideal: 1,55 bis 1,58 Meter)
Farben:	Schimmel, vereinzelt Braune, Rappen
Zuchtziel:	barocker Typ mit kräftigem Fundament, meist längere Rückenpartie mit kurzer, gerader Kruppe, überhöhte Knieaktion und exaltierte Gangmanier, relativ großer, gestreckter Kopf mit Ramsnase
Temperament:	sensibel, freundlich, gelehrig, genügsam, energisch, ausgeglichen
Verwendung:	Dressuraufgaben bis höchste Klassen, Schulen auf und über der Erde, Fahr- und Freizeitpferd
Besonderheiten:	aufgrund verschiedener Ansprüche der Zuchtstätten kein einheitlicher Typ
Kontakt:	www.lipizzaninternationalfederation.eu.com www.lipizzanerzuchtverband.de

DER KAISERSCHIMMEL

Das frühere Paradepferd, heute vor allem bekannt durch die Spanische Hofreitschule in Wien, ist Weltkulturerbe und vom Aussterben bedroht. Der Lipizzaner hat seinen Ursprung im 16. Jahrhundert, als Erzherzog Karl von Habsburg in Lipica, heute zu Slowenien gehörend, ein Gestüt gründete. Zucht-

basis waren spanische Stuten, die vor allem mit iberischen, italienischen und arabischen Hengsten sowie mit dem ausgestorbenen Karstpferd angepaart wurden. Sechs Hengstlinien begründen die Rasse: der Frederiksborger Schimmel *Pluto* (geboren 1765), der Neapolitanerrappe *Conversano* (1767), der braune Neapolitaner *Neapolitano* (1790), der Kladruberschimmel *Maestoso* (1819), der Kladruberfalbe *Favory* (1779) und der Wüstenaraberschimmel *Siglavy* (1810). Zwei weitere Linien, *Tulipan* und *Incitato*, sind nicht klassisch, aber anerkannt: Die *Tulipan*-Linie entstand um 1880 im Gestüt Teresovác in Siebenbürgen (heute Landesteil von Rumänien), aus Kreuzungen zwischen Lipizzanerhengsten und Teresovácer Stuten. Die *Incitato*-Nachkommen stammen aus dem ungarischen Gestüt Mezöhegyes. Selektiert wurde wegen der majestätischen Ausstrahlung auf Schimmel. Ihren Höhepunkt erlebte die Zucht unter Kaiser Franz Josef I., der Zweite Weltkrieg löschte 70 Prozent des Bestandes aus. Die Staats- und Nationalgestüte sowie jeweils ein nationaler Zuchtverband sind seit 1986 in der „Lipizzan International Federation" zusammengeschlossen, der Lipizzaner-Weltorganisation mit Sitz in Brüssel.

KLADRUBER

Steckbrief

Herkunft:	Kladrub im tschechischen Böhmen
Zuchtverband:	The National Stud Kladruby nad Labem
Hauptzuchtgebiet:	Tschechische Republik
Verbreitung:	Tschechische Republik, vereinzelte Exemplare in Europa (Österreich, Deutschland) und den USA
Stockmaß:	1,71 bis 1,82 Meter
Farben:	Schimmel und Rappen
Zuchtziel:	im Rechteckformat stehendes, mittelgroßes bis großes Pferd mit harmonischen Proportionen, Ramsnase und taktvollen Gangarten mit natürlicher Kadenz, hohe Aktion der Vorderbeine im Trab
Temperament:	willensstark, sensibel, sanftmütig
Verwendung:	Fahren, Reiten (Dressur, Barock, Freizeit), repräsentative Dienste
Besonderheiten:	Der Kladruber steht unter Denkmalschutz.
Kontakt:	www.nhkladruby.cz

heute in der Hand des staatlichen Gestüts. Wer einen Kladruber erwerben will, braucht das Einverständnis zweier tschechischer Minister und des Gestütsleiters. Pro Jahr werden rund 100 Pferde ins Ausland verkauft.

DAS KUTSCHPFERD DER KÖNIGE

Das imposante Wagenpferd mit spanischem Einschlag wird seit zwei Jahrhunderten in zwei getrennten Farblinien gezüchtet: Schimmel in Kladrup, Rappen in Slatina. Seinen Ursprung hat der Kladruber im kaiserlichen Gestüt Kladruby in Böhmen, einem der ältesten Gestüte Europas (seit 1579 Hofgestüt). Die spätreifen und langlebigen Pferde können ihre barocke Herkunft nicht leugnen: Die zweifarbige Zucht wurde begründet mit aus Spanien und Italien importierten Andalusiern und Neapolitanern. Die Schimmel waren traditionell die Kutschpferde der Könige. Sie gehen zurück auf den italienischen Rapphengst *Pepoli* und seinen schimmelfarbigen Sohn *Imperatore*. Die Rappen wurden von den kirchlichen Herrschern angespannt. Sie stammen ab von dem spanisch-neapolitanischen Hengst *Sacramoso*. Nach dem Niedergang der tschechischen Monarchie Anfang des 20. Jahrhunderts verlor sich das Interesse an den herrschaftlichen Kladrubern, die so selten wurden, dass sie von den Vereinten Nationen unter Schutz gestellt wurden. Die Zucht liegt

ANDALUSIER

DER REINE

Landläufig werden sämtliche auf der iberischen Halbinsel gezogenen Pferde nobler und kompakter Statur, außer vielleicht Kaltblüter und Ponys, gern als Andalusier bezeichnet. Nicht alle Pferde aus Spanien aber, die „Spanier" oder „Andalusier" genannt werden, sind von „reiner spanischer Rasse" („Pura Raza Española"), kurz PRE – ein Begriff, der Anfang des 20. Jahrhunderts geprägt wurde. Während diese Pferde eine lückenlos nachgewiesene Abstammung vorweisen können, wird der Begriff „Andalusier" im Volksmund oft für Pferde verwendet, für die keine Abstammungspapiere existieren oder die nicht ganz rasserein sind.

Die Entstehung der Rasse ist nicht genau belegt. Wahrscheinlich ist, dass die Rassen, die die heutigen „Pura Raza Española" mitbegründeten, das Blut uralter Iberischer Pferderassen führten. Erwiesen scheint, dass das spanische Pferd seinen Ursprung in der Primitivrasse Sorraia hat.

Verwoben mit den edlen Spaniern ist das „Kartäuser-Pferd" oder „Cartujano". Die Cartujano-Zucht der Kartäusermönche im Kloster bei Jerez de la Frontera (1835 aufgelöst) ist bis ins Mittelalter belegt. Ihnen ist der Reinerhalt der Rasse zu verdanken: Die Mönche widersetzten sich im 17. Jahrhundert dem Erlass des Kaisers, mit Neapolitanern und nordischen

Steckbrief

Herkunft:	*Andalusien*
Zuchtverband:	*Asociación Nacional de Criadores de Caballos Españoles*
Hauptzuchtgebiet:	*Spanien*
Verbreitung:	*weltweit*
Stockmaß:	*1,54 bis 1,65 Meter*
Farben:	*Schimmel, Braune, Rappen, Schecken unerwünscht, Füchse seit 2003 zugelassen*
Zuchtziel:	*ebenmäßiger Typ von mittlerer Form (quadratisches Format) mit geradem oder subkonvexem Profil, von allgemeiner Harmonie, bestechende Gänge, energisch, kadenziert und geschmeidig, von ausgeprägter Fähigkeit zur Versammlung*
Temperament:	*feurig, menschenbezogen, arbeitswillig, lernfähig*
Verwendung:	*Reit- und Wagenpferd, Freizeit, Hohe Schule, Stierkampf, Jagd, Rinderarbeit (Doma Vaquera)*
Besonderheiten:	*Es gibt kein allgemeines Brand- oder Rassezeichen jeder Züchter hat sein eigenes „Hierro".*
Kontakt:	*www.ancce.es www.andalusierverein.de*

Hengsten leistungsfähigere Pferde zu züchten. Und noch heute steht der echte Spanier nicht im Sportpferdetyp, sondern verkörpert mit seinen geschmeidigen Rundungen und seiner herrlichen Erscheinung vielmehr ein Ideal der barocken Reitpferderassen.

Pferde spanischer Herkunft waren daher nicht nur begehrte Rösser von Herrschern wie Caligula, Napoleon, Richard Löwenherz und Friedrich dem Großen, sondern auch Veredler vieler Rassen, darunter Friesen, Hackneys, Norfolks und Cleveland Bays, sogar englischer Vollblüter. Sogar in den in den Adern von Appaloosas, Criollos und Quarter Horses, in Lipizzanern, Trakehnern, Oldenburgern und Holsteinern fließt spanisches Blut. Geprägt haben die spanischen Pferde den Frederiksborger, Kladruber und Neapolitaner.

Die Zuchthoheit hatte bis 2006 der spanische Staat, seit 1864 die Abteilung des spanischen Verteidigungsministeriums „Cria Caballar" (Pferdezucht). Sie entsendete Körkommissionen in alle Welt, um sicherzustellen, dass kein fremdes Blut ins Stutbuch eingebracht wurde. Seit Januar 2007 wird das Stutbuch von der spanischen Züchtervereinigung (Verband der Züchter des Pferdes reiner spanischer Rasse) weitergeführt, ein nationaler Verband, den private Züchter 1972 gründeten. Die Hochburg der klassischen Reitkunst ist die königlich-andalusische Reitschule „Real Escuela Andaluz del Arte Ecuestre" in Jerez de la Frontera, in der mit andalusischen Pferden die Hohe Schule geritten wird und wo Lektionen wie spanischer Schritt, Kapriole oder Levade gezeigt werden.

LUSITANO

DER STIERKÄMPFER

Wie sein größerer, spanischer Bruder, der Andalusier, stammt der Lusitano vom Sorraia-Pferd ab. Höhlenmalereien aus den Jahren 17.000 bis 13.000 v. Chr. zeugen von der langen Geschichte der Reitpferde aus Lusitanien, dem heutigen Portugal. In römischen Hippodromen waren die Pferde wegen ihrer Schnelligkeit geschätzt – so entstand die Kampfreitkunst „Gineta". Ihre Wendigkeit, Härte und Ausdauer machte die Rasse, die im 17. und 18. Jahrhundert besonders von europäischen Königshäusern nachgefragt wurde, zu den berühmtesten Stierkampfpferden der Welt. 1891 wurde das Nationalgestüt „Coudelaria Nacional de Fonte Boa" gegründet. Mit Spanien wurde ein gemeinsames Stutbuch geführt.

Seit 1967 hat Portugal sein eigenes Zuchtbuch und prägte den Namen „Puro Sangue Lusitano" (reinblütiger Lusitano), um die portugiesischen von den spanischen Pferden abzugrenzen. 1990 schlossen sich Lusitano-Züchter zur „Associação Portuguesa do Cavalo Puro Sangue Lusitano" zusammen, die Zuchtkommission mit Sitz in Lissabon kontrolliert das Zuchtbuch.

Steckbrief

Herkunft:	Portugal
Zuchtverband:	Associação Portuguesa do Cavalo
	Puro Sangue Lusitano
Hauptzuchtgebiet:	Portugal
Verbreitung:	Mitteleuropa
Stockmaß:	1,55 bis 1,65 Meter (Sportpferdetyp bis 1,75 Meter)
Farben:	vor allem Schimmel und Braune, auch Rappen,
	Füchse, Falben, Isabellen, Palominos
Zuchtziel:	temperamentvolles, gehorsames, mittelgewichtiges,
	in Quadratform stehendes Pferd mit subkonvexer
	Silhouette, das bequem zu reiten ist
Temperament:	mutig, feurig, wendig, ausdauernd, hart, robust,
	arbeitswillig, gelehrig
Verwendung:	Hirten- und Stierkampfpferd, Fahren, Freizeit,
	Dressur bis zur Hohen Schule
Besonderheiten:	eng verwandt mit dem PRE und dem Altér Real
Kontakt:	www.cavalo-lusitano.com
	www.cavalo-lusitano-ev.de
	www.cavalo-lusitano.ch

DAS IBERISCHE EDELPFERD

Der Altér Real gehört zur Familie der barocken Pferde, steht im Quadrattyp, hat viel Knieaktion und zeigt eine große Versammlungsfähigkeit. 1748 wurde das Gestüt Altér in Altér do Chao (Provinz Alentejo) von König Joao V. gegründet, um auf Grundlage spanischer Pferde sowie portugiesischer Hengste „königliche" („real"= königlich) Pferde zu züchten, die sich für die klassisch-akademische Reitkunst und den Stierkampf eigneten. Krisen wie Diebstähle ganzer Herden durch Napoleons Truppen – er rüstete seine Regimenter mit Altér-Real-Pferden aus – und die portugiesische Revolution dezimierten den Bestand. In der Absicht, den Niedergang der Rasse aufzuhalten, wurden ungeeignete Linien, unter anderem Araber, Englische Vollblüter und Hannoveraner, eingekreuzt. Als Folge büßte der Altér Real seine Charakteristika ein. 1942 konsolidierte der portugiesische Hippologe und Züchter Dr. Ruy d'Andrade den Bestand. Dazu beigetragen hat vornehmlich die Anpaarung mit andalusischem Blut (aus der Zapata-Linie), aber auch die Inzucht wurde stark betrieben. Das frühere königliche Gestüt Altér do Chao ist heute Staatsgestüt, der Staat Portugal kontrolliert die Zucht.

Steckbrief

Herkunft:	*Gestüt Altér, Portugal*
Zucht:	*Staatsgestüt in Altér do Chao, Portugal*
Hauptzuchtgebiet:	*Portugal*
Verbreitung:	*Europa*
Stockmaß:	*1,52 bis 1,62 Meter*
Farben:	*alle Grundfarben, vor allem Braune*
Zuchtziel:	*kraftvolles, kompaktes Reitpferd im quadratischen Format mit leicht geramstem, manchmal geradem Profil, üppigem Langhaar, ideal für Dressurlektionen der Hohen Schule und den Stierkampf*
Temperament:	*lebhaft, hart, eigenwillig, gelehrig*
Verwendung:	*Stierkampf, Dressur bis zur Hohen Schule*
Besonderheiten:	*Die 1979 gegründete „Escola Portuguesa de Arte Equestre" (Portugiesische Schule der Reitkunst) setzt für ihre weltberühmten Shows fast ausschließlich Altér-Real-Hengste ein.*
Kontakt:	**Staatsgestüt in Altér do Chao, Tel.: 0035-1245610060**

KNABSTRUPPER

DAS DÄNISCHE KULTURGUT

Der Knabstrupper ist eine der ältesten Rassen Dänemarks und eine Seitenlinie des Frederiksborgers: Im 1536 gegründeten Gestüt Frederiksborg waren jahrzehntelang Tigerschecken auf der Grundlage spanisch-orientalischen Blutes gezüchtet worden. Im 17. Jahrhundert war der imposante Gefleckte das Lieblingspferd dänischer Fürsten und wurde bis zur Hohen Schule ausgebildet. Ende des 18. Jahrhunderts wurden diese im Barocktyp stehenden Pferde mit der Ramsnase nicht mehr verlangt. Wilde Kreuzungen der Farbe wegen – ohne Rücksicht auf Zuchtbücher und Qualität – sorgten beinahe für das Ende der Rasse.

Major Villars Lunn jedoch führte die Zucht auf seinem Gut Knabstrupp weiter. Er kaufte 1812 eine stichelhaarige Stute namens *Flaebestute*, die mit den spanischen Truppen Napoleons nach Dänemark gekommen war, und paarte sie mit dem isabellfarbenen Frederiksborgerhengst *Baeveren* an. Der aus der Verbindung hervorgegangene Hengst *Mikkel* wurde Stammvater der Knabstrupper. 1972 wurde in Dänemark ein landesweiter Verband für die Knabstrupperzucht gegründet. Weltweit existieren kaum noch drei Dutzend Reinzuchtstuten.

Steckbrief

Herkunft:	Gut Knabstrupp, Dänemark
Zuchtverband:	Knabstrupper Foreningen for Danmark
Hauptzuchtgebiet:	Dänemark
Verbreitung:	Dänemark, Deutschland
Stockmaß:	1,48 bis 1,65 Meter
Farben:	Tigerschecken in allen Grundfarben (Volltiger, Weißgeborener, Schabracktiger, Schneeflockentiger), einfarbige erlaubt
Zuchtziel:	drei Typen: klassischer Typ, Reitpferdetyp, Ponytyp (darf auch kleiner als 1,48 Meter sein)
Temperament:	gelehrig, ausgeglichen, leistungsbereit, eigenwillig
Verwendung:	Freizeit, häufig als Barockreitpferd, Voltigieren, Zirkus, Fahren
Besonderheiten:	Das gefleckte Kleid und der hoch aufgesetzte Hals machen die Knabstrupper zu echten Hinguckern, die sich bei Barockreitern wieder zunehmender Beliebtheit erfreuen.
Kontakt:	**www.knabstrupperforeningen.dk**

IRISCHES WARMBLUT

DER SPORTLICHE

Das moderne Irische Warmblut, genauer: das „Irish Sport Horse", ist eine Mischung aus dem stabilen Irish Draught Horse mit dem edlen Vollblut. Nach dem Zweiten Weltkrieg wurden die aus dieser Anpaarung entstehenden Hunter im Sinne einer „Gebrauchskreuzung" – es wurden immer wieder Draught-Stuten mit Vollbluthengsten angepaart, bis ein leichter Hunter entstand – streng auf sportliche Tauglichkeit hin selektiert, vor allem für Springen und Vielseitigkeit. Auch umgekehrt hat es funktioniert: Erfolgreiche Vollblutstuten wurden mit Irish-Draught-Hengsten zusammengeführt. Seit 1970 wird der sportliche Typ des irischen Pferdes im „Irish Sport Horse Stud Book" registriert. Erst seit den 1980er-Jahren wurden im Sport erfolgreiche Linien miteinander kombiniert. Weil die Rasse noch jung ist und die Vollblutanteile variieren, ist noch kein so einheitlicher Typ wie vergleichsweise in der Warmblutzucht auf dem europäischen Festland entstanden. Zur Vervollkommnung des Sportpferdetyps wurde Blut aus bewährten kontinentalen Leistungspferderassen eingebracht. Das Zuchtbuch des Irish Sport Horse wird vom „Irish Horse Board" betreut, das 1993 gegründet wurde.

Steckbrief

Herkunft:	Nordirland, Republik Irland
Zuchtverband:	Irish Horse Board
Hauptzuchtgebiet:	Irland
Verbreitung:	weltweit
Stockmaß:	1,62 bis 1,70 Meter
Farben:	alle Grundfarben
Zuchtziel:	korrektes, athletisches, blutgeprägtes und großrahmiges Sportpferd mit guten Grundgangarten und Temperament, bequem zu reiten, für den Freizeit- und Sportbereich
Temperament:	zuverlässig, clever, ausdauernd
Verwendung:	Sport und Freizeit, vor allem Springen und Gelände
Besonderheiten:	Das Irische Warmblut ist ein Spätentwickler, der langlebig ist und seine Stärken im Sport unter Beweis stellt.
Kontakt:	www.irishhorseboard.com

IRISH DRAUGHT HORSE

Steckbrief

Herkunft:	Irland
Zuchtverband:	Irish Draught Horse Society
Hauptzuchtgebiet:	Irland
Verbreitung:	weltweit
Stockmaß:	1,53 bis 1,73 Meter
Farben:	alle Grundfarben, selten Schecken
Zuchtziel:	aktives, leistungswilliges, vielseitiges und muskulöses Pferd ohne exaltierte, aber mit elastischen Bewegungen, solidem Fundament und viel Qualität
Temperament:	aktiv, gutmütig, energisch, mutig
Verwendung:	Reit-, Jagd-, Zug- und Arbeitspferd
Besonderheiten:	Angepaart mit dem Vollblut ergibt sich der Geländespezialist Irish Hunter, den es in vier Gewichtsklassen gibt: kleiner, leichter, mittelschwerer und schwerer Typ.
Kontakt:	www.irishdraught.ie
	www.irishhorseboard.com
	www.irishhorsesociety.com

DER GELÄNDEGÄNGIGE

Das Irish Draught Horse, auch Irisches Zugpferd, wird vor allem in bäuerlichen Betrieben gezüchtet. Die Linien werden seit Generationen von Züchterfamilie zu Züchterfamilie vererbt und „rein" gehalten. Als klassische irische Pferderasse ist der Draught bei Kreuzung mit Vollblütern Ausgangsbasis für den Irischen Hunter und das Irische Sportpferd. Wird eine Draught-Horse-Stute mit einem Vollbluthengst angepaart, ergibt das den springbegabten, trittsicheren und leichttrittigen Hunter. Das kräftige, eher stämmige Arbeitspferd Irish Draught geht aus Verwandten der Connemara Ponys – den alten irischen Packpferden –, spanischen Pferden und altenglischem Warmblut hervor und zeichnet sich durch seine Vielseitigkeit aus. Denn die irischen Landwirte benötigten Anfang des 20. Jahrhunderts nicht nur ein williges und kräftiges Pferd auf dem Feld, sondern auch einen Partner, mit dem sie am Wochenende zur Jagd gingen und der sonntags womöglich auch die Familie mit dem Wagen zur Kirche fuhr. Das Zuchtbuch wurde 1917 angelegt, 59 Jahre später wurde der Zuchtverband „Irish Draught Horse Society" gegründet.

CLEVELAND BAY

(Foto: Collin Green)

WIEDER IM KOMMEN

Der (Old) Cleveland Bay ist die älteste Pferderasse Englands und hat viele kontinentale Warmblutrassen wie Gelderländer, Oldenburger, Holsteiner und Hannoveraner beeinflusst. Der Name des Warmbluts ist eine Zusammensetzung aus seiner Heimat, „Cleveland", und seiner Farbe, („bay" = Braun). Die Vorfahren des Cleveland Bay waren Packpferde aus Yorkshire. Der Bedarf an wendigen, kräftigen Zugpferden bedingte die Anpaarung mit orientalischem und Englischem Vollblut: Das elegantere Yorkshire Coach Horse war geboren. Im 18. Jahrhundert waren die Rasseschläge in der ganzen Welt als Wagenpferde beliebt. 1884 wurde ein Stutbuch eröffnet, das um ein Register für Partbreds erweitert wurde. 1886 spaltete sich die „Yorkshire Coach Horse Society" ab. Die Motorisierung machte der Entwicklung ein Ende: Das Yorkshire Coach Horse verschwand, das Zuchtbuch wurde 1937 geschlossen. Wenige Züchter aus dem Nordosten Englands hielten die Cleveland-Bay-Zucht am Leben. Ende des Zweiten Weltkrieges starb die ursprüngliche Rasse fast aus, da Arbeits- und Zugpferde nicht mehr gefragt waren und die „Cleveland Bay Horse Society" eine Umzucht zum Sportpferd ablehnte. Königin Elizabeth II. rettete die Rasse 1962, als sie den Zuchthengst *Mulgrave Supreme* kaufte und zur Verfügung stellte. Er zeugte über 20 männliche Nachkommen, die in der Zucht eingesetzt wurden. Die Rasse ist stark gefährdet.

Steckbrief

Herkunft:	*Grafschaft Cleveland, Yorkshire, Nordengland*
Zuchtverband:	*Cleveland Bay Horse Society*
Hauptzuchtgebiet:	*England*
Verbreitung:	*weltweit*
Stockmaß:	*1,62 bis 1,72 Meter*
Farben:	*Braune*
Zuchtziel:	*großrahmiges Wagenpferd mit raumgreifenden Bewegungen und Springvermögen*
Temperament:	*sensibel, hart, ehrlich, zuverlässig, langlebig*
Verwendung:	*Fahren, Freizeit*
Besonderheiten:	*Gekreuzt mit dem Vollblut ergeben sich gute Springpferde.*
Kontakt:	*www.clevelandbay.com*

ENGLISCHES REITPFERD
(BRITISCHES WARMBLUT)

Steckbrief

Herkunft:	England
Zuchtverband:	British Warmblood Society
Hauptzuchtgebiet:	England
Verbreitung:	England
Stockmaß:	1,53 bis 1,72 Meter
Farben:	alle außer Albinos und Cremellos
Zuchtziel:	harmonisches, athletisches und modernes Sportpferd mit exzellenten Bewegungen, das für alle Disziplinen des Reitsports geeignet ist
Verwendung:	alle Disziplinen
Besonderheiten:	Eine systematische englische Reitpferdezucht steht noch am Anfang.
Kontakt:	www.bwbs.co.uk

STECKT NOCH IN DEN KINDERSCHUHEN

Während das Englische Vollblut eine lange, erfolgreiche Geschichte hat, steckt eine systematische (Sportpferde-)Zucht auf der Insel noch in den Kinderschuhen. 1977 wurde zwar die „British Warmblood Society" gegründet, doch langjährige, bewährte Blutlinien des Rasseschlags sucht man bisher vergebens. Bemüht, sich dem internationalen und kontinentaleuropäischen Standard anzuschließen, gibt es zusätzlich das „British Sports Horse Registry". Derzeit beherrschen die beiden anderen britischen Rassen, das Englische Vollblut und der Cleveland Bay beziehungsweise Gebrauchskreuzungen aus Voll- und Warmblütern, deren Abstammungen oft nicht lückenlos dokumentiert sind, das Geschehen.

Das britische Warmblut ähnelt als modernes Sportpferd stark dem Typ kontinentaler Reitpferderassen. Die Zuchtpferde für die Rasse stammen vor allem aus anderen europäischen Warmblutzuchten, insbesondere aus Holland, Deutschland, Schweden und Dänemark.

DÄNISCHES WARMBLUT

Steckbrief

Herkunft:	Dänemark
Zuchtverband:	Dansk Varmblod
Hauptzuchtgebiet:	Dänemark
Verbreitung:	Dänemark
Stockmaß:	1,60 bis 1,70 Meter
Farben:	alle Grundfarben
Zuchtziel:	gut proportioniertes, edles und muskulöses Sportpferd mit ausgezeichneten Grundgangarten
Temperament:	ausgeglichen, umgänglich, rittig, mutig
Verwendung:	Turniersport (Dressur, Springen, Vielseitigkeit), Freizeit
Besonderheiten:	Die Zucht liegt in privater Hand, es gibt kein Landgestüt.
Kontakt:	www.warmblood.dk

DER EUROPÄISCH GEPRÄGTE

Das Dänische Warmblut ist eine relativ junge Rasse. Sie gründet sich auf heimische Stuten (Frederiksborger), die mit bestem europäischem Blut angepaart wurden: mit Hengsten aus Holstein, Hannover, Oldenburg, Schweden, Polen und den Niederlanden sowie mit Trakehnern und Englischen Vollblütern. Der Umzüchtungsprozess zum modernen Sportpferd setzte nach dem Zweiten Weltkrieg massiv ein, die beiden dänischen Verbände „Dansk Sportsheste Avlsforbund" („Danish Sport Horse Society") und „Danmarks Lette Hesteavl" („Danish Light Horse Association") wurden 1962 gegründet und 1978 zum „Dansk Varmblod" („Danish Warmblood Society") zusammengeschlossen. 2004 wurde das „Show Jumping Programme" eingeführt mit dem Ziel, systematisch Springlinien zu entwickeln und zu fördern. Die Zucht liegt in rein privater Hand.

Es werden strenge Maßstäbe angesetzt, um nur die besten Tiere für die Zucht zuzulassen. Ziel ist es, leichttrittige, moderne und edle Sportpferde für Dressur und Springen zu selektieren.

FINNPFERD

DAS UNIVERSALPFERD

Das schwere und vielseitige Finnpferd wird aufgrund seiner Kalt- und Warmblutmerkmale als „Universalpferd" bezeichnet. Seinen Ursprung hat es im Tarpan und den Przewalski-Pferden, es war Einflüssen von nordeuropäischen und mongolischen Rassen ausgesetzt, im 19. Jahrhundert wurden zur Veredelung Orlow-Traber, Norfolk Roadster, Vollblüter und orientalische Rassen eingekreuzt. Seit 1907 wird ein Stammbuch vom „Suomen Hippos" (Zentralverband für Pferdezucht und Trabersport Finnland) als Reinzucht geführt, eine Veredelung durch Warmbluthengste abgelehnt. In den 1960er-Jahren wurde begonnen, einen leichteren, mehr dem Warmblut angenäherten Pferdetyp für den Reitsport zu züchten. 1971 wurde das Stutbuch in die vier Zuchtrichtungen Traber-, Reit-, Arbeits- und Kleinpferde geteilt. Gut 80 Prozent der rund 19.000 Finnpferde sind Traber, die Rasse wird aber auch im Reitsport immer beliebter. Zentrum für die Zucht des Finnischen Pferdes ist die Staatliche Pferdezuchtanstalt „Valtion Hevosjalostuslaitos" in Ypäja. Der Verein „Suomenratsut" (Verein der Finnischen Reitpferde) strebt an, das Finnpferd als Rasse zu erhalten und seinen Einsatz als Reitpferd zu fördern.

Steckbrief

Herkunft:	Finnland
Zuchtverband:	Suomen Hippos
Hauptzuchtgebiet:	Finnland
Verbreitung:	Finnland, Deutschland, Schweden
Stockmaß:	1,45 bis 1,60 Meter
Farben:	alle, vor allem Füchse, selten Braune und Rappen
Zuchtziel:	muskulöses Pferd mit kräftigen Gliedmaßen, bei Trabern und Reitpferden wird das Rechteckformat im leichteren Typ bevorzugt, die Arbeitspferde sind schwerer und länger im Körperbau
Temperament:	lebhaft, fügsam, zäh, leistungswillig, ausdauernd, aufgeweckt
Verwendung:	alle Disziplinen des Reitsports, auch Distanzreiten, Fahren, Therapie und Trabrennen
Besonderheiten:	Das Finnpferd zählt zu den schnellsten Kaltbluttrabern der Welt.
Kontakt:	**www.hippos.fi**

SCHWEDISCHES WARMBLUT

DER SYSTEMATISIERTE

Das ehemalige königliche Gestüt Flyinge nahe dem südschwedischen Lund ist Herkunft des Schwedischen Warmbluts. Ab 1661 war Flyinge im Besitz des schwedischen Königshauses, heute arbeitet es als Stiftung und bringt Pferde unter strenger staatlicher Leistungskontrolle hervor.

Spanische, orientalische und friesische Hengste wurden als Veredler in die heimische Rasse eingekreuzt, damals vorrangig, um geeignete Militärpferde zu erhalten. Um die Vielseitigkeit zu verbessern, setzte man später auf Araber, Hannoveraner, Trakehner, Oldenburger und Vollblüter. Ende des 19. Jahrhunderts entstand das moderne Schwedische Warmblut, das sich vielfach im Sport bewährte. In seinen Adern fließt mittlerweile auch Blut aus Holstein, Frankreich, den Niederlanden und Belgien. 1928 wurde der Schwedische Warmblutzuchtverband gegründet. Zuchtmittelpunkt ist immer noch das Gestüt Flyinge, die Zuchtauswahl nach wie vor rigoros.

Schon seit 1874 unterstützt ein staatliches Prämiensystem die Selektion. Bevor Hengste und Stuten zur Zucht zugelassen werden, werden sie auf Körperbau, Bewegungspotenzial, Springvermögen sowie Reittauglichkeit getestet.

Steckbrief

Herkunft:	Gestüt Flyinge, Südschweden
Zuchtverband:	Avelsföreningen för svenska varmblodiga hästen
Hauptzuchtgebiet:	Schweden
Verbreitung:	Europa, Amerika
Stockmaß:	1,60 bis 1,70 Meter
Farben:	alle
Zuchtziel:	kräftiges und athletisches (Sport-)Pferd im Langrechteckformat mit ausgezeichnetem Körperbau und gerader, extravaganter Aktion
Temperament:	ausgeglichen, fügsam, energisch, leistungsbereit
Verwendung:	alle Sportdisziplinen (vor allem Dressur, Vielseitigkeit, aber auch Springen) und Freizeit
Besonderheiten:	Strikte Auslese und die gezielte Einkreuzung anderer Rassen eines der besten Sportpferde der Welt hervor.
Kontakt:	**www.asvh.se**

DONPFERD

DAS GOLDENE KOSAKENPFERD

Beheimatet in den fruchtbaren Steppen beiderseits des Flusses Don – dort, wo früher Tarpane weideten –, wandelte sich im 18. und 19. Jahrhundert ein veredeltes Steppenpferd zum widerstandsfähigen Zug- und Reitpferd der Kosaken. Eingeflossen in die Rasse Don waren verschiedenste Gene von Pferden, die Menschen von überall aus dem Land mitgebracht hatten, darunter mongolische Nagai. Die Rassen vermischten sich. Turkmenen, Araber und Karabagher, später Orlow-Rostoptschiner, Streletzer sowie Vollblüter veredelten das Endprodukt. Eingesetzt vor allem für landwirtschaftliche Arbeiten, verbreitete sich das Donpferd auch als unverwüstliches Kavalleriepferd trotz seiner Gebäudeproblematiken und der wenig raumgreifenden, dafür ausdauernden Bewegungen über ganz Russland. 1770 wurde das erste Gestüt am Don gegründet. Auch erbeutete Pferde (Araber, Perser, Türken) wurden als Veredler genutzt.

Das Donpferd wurde in Kasachstan, Kirgisien, im südlichen Sibirien und im Transbaikal zur Züchtung neuer Rassen (Kirgisen, Kushum) verwendet. 1842 wurde eine „Verordnung über die Armeegestüte der Donarmee" erlassen, in der die Zucht präzisiert wurde. Nach dem Ersten Weltkrieg baute Kavalleriemarschall Semjon Michailowitsch Budjonny die Rasse wieder auf, indem er 1921 im Kaukasus Gestüte gründe-

dete. Zur Veredelung wurden verstärkt Vollblüter eingesetzt (Anglo-Donpferd). Führende Gestüte sind Zimownikowski und Budjonny im Rostow-Gebiet.

Steckbrief

Herkunft:	*die Ufer des Don und Nebenflüsse, Russland*
Zuchtverband:	*Pferdeinstitut Ryazan, Russland*
Hauptzuchtgebiet:	*Steppe um Rostow am Don, Russland*
Verbreitung:	*GUS-Staaten*
Stockmaß:	*1,55 bis 1,65 Meter*
Farben:	*vor allem Goldfüchse*
Zuchtziel:	*massives Zug- und Reitpferd im Quadrattyp mit stabilem Fundament, kleinem Kopf, sehr enger, gerader Stirn und engem Genick, mit geradem, breitem Rücken und steiler, kurzer Schulter*
Temperament:	*mutig, ausdauernd, anspruchslos, gesund*
Verwendung:	*Landwirtschaft, Distanz, Tourismus, Freizeit, Veredler regionaler Rassen*
Besonderheiten:	*Anfang des 20. Jahrhunderts war das Donpferd die am weitesten verbreitete Pferderasse in der damaligen UdSSR.*
Kontakt:	*Ryazan Opitni Gestüt, Tel./Fax. 0091-3732249*

DAS VEREDELTE DONPFERD

Der Führer der bolschewistischen „Roten Reiterarmee" im russischen Bürgerkrieg (1918–1920), Kavalleriemarschall Semjon Michailowitsch Budjonny, wollte für seine Soldaten ein leistungsfähiges Pferd schaffen, das ausdauernd, schnell, wendig und anspruchslos war. Es sollte springen können, stabil sein und auf einem guten Fundament stehen. Dafür kreuzte er qualitätsvolle Donstuten sowie die kleineren, temperamentvollen Chernomorstuten mit englischen Vollbluthengsten. Er versuchte, die Gebäudemängel der Steppenpferde auszumerzen und die Härte der Tiere zu erhalten. Zuchtversuche mit Kirgisenstuten, Kasachen- und Mongolenponys scheiterten. Der Zweite Weltkrieg richtete auch bei dieser Rasse großen Schaden an, der Bestand wurde zeitweise bis jenseits des Ural evakuiert. 1948 wurde die Rasse anerkannt, die zuvor Anglo-Don genannt worden war und dann nach Marschall Budjonny benannt wurde. Das erste Stutbuch erschien 1951. Die Pferde wurden auf Renn- und Kavallerietauglichkeit getestet und anfangs in den Typen „schwer", „orientalisch" und „mittel" gezüchtet. Der moderne Budjonny hat nur noch einen Typ (Sportpferd), nicht selten mit 50 Prozent Vollblutanteil. Die Fohlen wachsen halbwild in der Steppe auf. Die größten und bekanntesten Gestüte sind das Gestüt Budjonny und das Gestüt der ehemaligen Roten Reiterarmee in den Salischen Steppen südlich von Rostow.

Steckbrief

Herkunft:	Don-Gebiet, Südrussland
Zuchtverband:	Pferdeinstitut Ryazan, Russland
Hauptzuchtgebiet:	Steppe um Rostow am Don, Russland
Verbreitung:	vor allem Russland
Stockmaß:	1,55 bis 1,65 Meter
Farben:	meist Füchse mit typischem Goldschimmer, keine Schimmel
Zuchtziel:	kompakter, gut proportionierter Körper mit schlanken, geraden Beinen; zierlicher, schmal zulaufender Kopf auf langem, gut angesetztem Hals
Temperament:	ausgeglichen, mutig, ausdauernd
Verwendung:	alle klassischen Disziplinen des Reitsports, vor allem Distanz-, Wanderreiten, Vielseitigkeit, Hindernisrennen
Besonderheiten:	eine der jüngsten russischen Pferderassen
Kontakt:	**Ryazan Opitni Gestüt, Tel./Fax. 0091-3732249**

KARABAGH (KARABACHER)

(Foto: Silke Dehe)

DAS GOLDENE PFERD AUS DEM KAUKASUS

Die heute autonome Provinz Berg-Karabach, die Republik Aserbaidschan sowie das angrenzende Armenien und Georgien waren früher Heimat des edlen Hochgebirgspferdes Karabagh oder Karabacher, das häufig Töltveranlagung zeigt. Nach vielen kriegerischen Auseinandersetzungen in dem Gebiet kommen die Pferde seit Anfang der 1990er-Jahre fast nur noch in Aserbaidschan vor. Die Ahnen der Rasse sind Turkmenen, Araber und Perser. Im 19. Jahrhundert war das Pferd mit dem „goldenen Glanz" in aller Welt bekannt, unter anderem Großbritannien und Italien führten Karabacher in großer Zahl ein. Im 20. Jahrhundert wurden Offiziere der russischen Armee mit den auffällig gefärbten Vierbeinern, die maßgeblich an der Entstehung des russischen Donpferdes beteiligt waren, beritten gemacht. Heute ist der Karabacher insbesondere durch die unzähligen kriegerischen Auseinandersetzungen in seinem Lebensumfeld in seiner Existenz stark bedroht. Durch die Einkreuzung von Arabern soll Inzucht vermieden und die Rasse stabilisiert werden. Nicht nur von staatlicher Seite (das aserbaidschanische Ministerium für Landwirtschaft führt die Stutbücher), sondern auch mit privatem Engagement im In- und Ausland wird versucht, das Überleben der Karabacher zu sichern. Weltweit gibt es noch rund 200 Pferde dieser Rasse.

Steckbrief

Herkunft:	Berg-Karabach, Aserbaidschan und Armenien
Zuchtverband:	Ministerium für Landwirtschaft, Baku (Aserbaidschan)
Hauptzuchtgebiet:	Republik Aserbaidschan
Verbreitung:	Aserbaidschan, Kaukasus
Stockmaß:	1,43 bis 1,55 Meter
Farben:	Fuchs- und Braunfalben mit Goldglanz, oft mit Abzeichen
Zuchtziel:	edles, quadratisch gebautes Pferd mit gut angesetztem Schweif, seidigem Fell, relativ kurzem Hals, raumgreifendem Schritt, runder Galoppade
Temperament:	freundlich, mutig, trittsicher, energisch, menschenbezogen
Verwendung:	Allround-Reitpferd, vor allem für Wander- und Trekkingtouren sowie als Hochgebirgsreitpferd
Besonderheiten:	Das agile, clevere Pferd rennt in Schrecksituationen nicht panisch davon, sondern bleibt wie „festgenagelt" stehen, denn eine „Hals-über-Kopf-Flucht" könnte in seiner bergigen Heimat tödlich enden.
Kontakt:	www.geocities.com/tmamedov

KABARDINER

DAS WOHL BESTE GEBIRGSPFERD DER WELT

An der Entstehung des Kabardiners sind Steppenpferde, Karabacher, persische Pferde und Turkmenen beteiligt. Bereits im 16. Jahrhundert erfreute sich die genügsame, widerstandsfähige Rasse großer Beliebtheit. Die Kabardiner wurden gern in der russischen Kavallerie und von Kosaken geritten. Noch heute gelten die kräftigen Tiere als beste Gebirgspferderasse der Welt. Sie sind ausgesprochen trittsicher und daher beliebtes Fortbewegungsmittel in den Republiken des Kaukasus. Es gibt drei Typen: den schweren, mittleren und leichten. Der schwere Kabardiner wird vor allem zur Feldarbeit eingesetzt, der leichte insbesondere zum Reiten. Der mittlere Typ ist nicht spezialisiert. Im Laufe des russischen Bürgerkrieges (1918 bis 1920), der sich auch auf den Nordkaukasus ausdehnte, ging der größte Teil des Pferdebestandes verloren. Seit Ende der 1920er-Jahre gibt es staatlich geförderte Bestrebungen, die Rasse wieder aufzubauen, es wurden verschiedene Gestüte sowie Zuchtfarmen gegründet.

Bedeutendstes Gestüt ist Malkinskij. Die im Gestüt Malokarachaevsk gezogenen Pferde werden als „Karachaever" bezeichnet. Aus dem Gestüt Karacha in der Republik Karachai-Tscherkessien kommen die Karachaier.

Steckbrief

Herkunft:	Republik Kabardino-Balkarien, Russland
Zuchtverband:	All Russian Institute of Horsebreeding, Moskau, Russland
Hauptzuchtgebiet:	Nordkaukasus, insbesondere Republik Kabardino-Balkarien und Gebiete um Stavropol
Verbreitung:	Nordkaukasus, Russland, Europa (vor allem Deutschland)
Stockmaß:	um 1,47 bis 1,62 Meter
Farben:	vor allem Braune, Abzeichen sind selten
Zuchtziel:	kräftiges, mittelgroßes Pferd mit stabilem Fundament, Ramsnase, gut bemuskeltem, geradem Hals im Reitpferdetyp
Temperament:	ausdauernd, eigenwillig, zuverlässig, treu, lebhaft, menschenbezogen
Verwendung:	beliebtes Reitpferd im Gebirge, auch Zugpferd im Flachland, Wanderreitpferd
Besonderheiten:	Aus Kreuzungen des Karbardiners mit dem Englischen Vollblut entstehen die Anglokabardiner
Kontakt:	www.kleinpferde-und-spezialrassen.de

QUARTER HORSE

Steckbrief

Herkunft:	Nordamerika
Zuchtverband:	American Quarter Horse Association
Hauptzuchtgebiet:	Nordamerika
Verbreitung:	USA, weltweit
Stockmaß:	1,50 bis 1,60 Meter
Farben:	alle außer Schecken
Zuchtziel:	kompaktes, wendiges, schnelles und mittelgroßes Pferd mit keilförmigem Kopf, ideal für die Arbeit mit Kühen, vielseitig einsetzbar
Temperament:	ausgeglichen, umgänglich, sensibel, leistungsbereit
Verwendung:	Western, Freizeit, Wanderreiten
Besonderheiten:	die weltweit verbreitetste Pferderasse
Kontakt:	**www.aqha.com** **www.dqah.de**

DAS PFERD MIT DEM „COW SENSE"

Das Quarter Horse ist die zahlenmäßig größte Pferderasse der Welt, allein im amerikanischen Zuchtverband, der „American Quarter Horse Association", sind über vier Millionen Quarters registriert. Für uns Europäer repräsentiert der kompakte, mittelgroße Vierbeiner das typische Westernpferd. In seinem Pedigree findet sich Blut amerikanischer Mustangs, vor allem das der wendigen Sprinter der Chikashaw-Indianer. Außerdem haben sich Araber, Berber, Andalusier, irische Ponys, Englische Vollblüter und sonstige Rassen, die die Kolonialisten im 15. Jahrhundert auf den amerikanischen Kontinent brachten, im Quarter verewigt. Der Name „Quarter Horse" leitet sich ab von den „Quarter Mile Races", die gegen Ende des 18. Jahrhunderts in den Städten der amerikanischen Südstaaten populär waren und über rund 400 Meter gingen – also eine viertel Meile. Speziell für diese Distanz wurden die Pferde damals gezüchtet.

Eigenschaften wie Schnelligkeit, Balance und das Vermögen, auf engstem Raum zu wenden, zeichnen das Quarter Horse aus. Nach den USA und Kanada lebt in Deutschland die größte Quarter-Horse-Population, und mit über 5300 Züchtern (Stand: 30.09.2007) ist die „Deutsche Quarter Horse Association" einer der größten Quarter-Zuchtverbände der Welt.

PAINT HORSE

DER BUNTE QUARTER

Paint Horses sind die bunte Ausgabe der Quarter Horses. Sie wurden bereits 1519 von dem spanischen Eroberer Hernando Cortez in den USA beschrieben und von Indianern geritten. Viele Paints haben Quarter Horses als Vorfahren, auch Vollblüter sind erlaubt, andere Rassen dürfen nicht eingekreuzt werden. Das ist der wesentliche Unterschied zur Farbzucht Pinto. Die Deutschen Züchter werden vom „Paint Horse Club Germany" betreut, doch die Originalpapiere werden nur in den USA ausgestellt. Auffälliges Merkmal der gutmütigen Paints ist die Scheckzeichnung, die in Tobiano und Overo unterschieden wird. Paints sind kompakt, wendig, kräftig bemuskelt mit mächtiger Hinterhand und keilförmigem Kopf. Bei allem Temperament und Spurtvermögen sind sie leicht zu reiten, willig und nervenstark. Die Anfang des 20. Jahrhunderts entstandene Rasse verdankt ihre Existenz den „crop outs" – gescheckte Fohlen, die bei den Quartern nicht registriert wurden. 1962 wurde daher die „American Paint Horse Association" gegründet. Paints sind Spezialisten für die in Amerika beliebten Viertel-Meilen-Rennen. Traditionell sind sie die Pferde der Cowboys und prädestiniert für alle Disziplinen des Westernreitens.

Steckbrief

Herkunft:	Amerika
Zuchtverband:	American Paint Horse Association
Hauptzuchtgebiet:	USA
Verbreitung:	USA, Kanada, Deutschland, Europa
Stockmaß:	1,48 bis 1,60 Meter
Farben:	Schecken in allen Varianten, vor allem Tobiano- und Overo-Zeichnungen, auch einfarbige (Solid Paints), die separat registriert werden
Zuchtziel:	geschecktes Quarter Horse
Temperament:	rittig, wendig, gutmütig, mutig, schnell
Verwendung:	Westernpferd für alle Disziplinen wie Reining, Cutting, Pleasure, alle Arten des Freizeitreitens
Besonderheiten:	auffällige Scheckzeichnung, reines Quarter-Blut, allenfalls angepaart mit Vollblütern, extravagante Namen
Kontakt:	www.apha.com
	www.phcg.de
	www.pha.at
	www.spha.ch

APPALOOSA

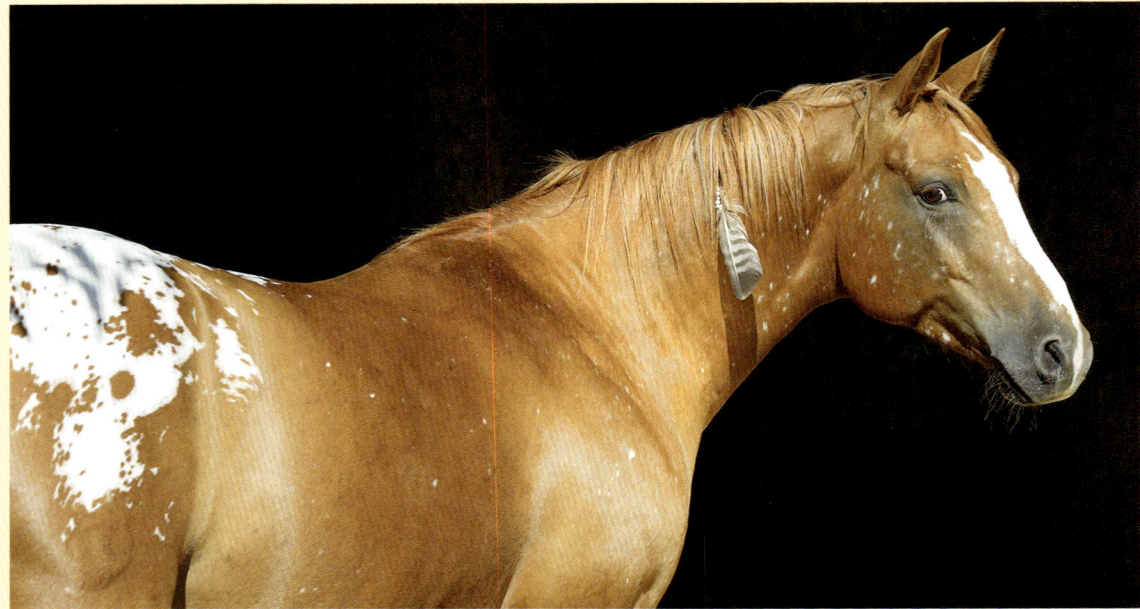

DAS INDIANERPFERD

Der Appaloosa, klassisches Westernpferd, ist nach den Quarter Horses und den Paints die zahlenmäßig drittgrößte Pferderasse der Welt. Ursprünglich ist der Appaloosa ein Pferd der Nez-Perce-Indianer im Nordwesten der USA gewesen. Seine Vorfahren waren 1621 mit den spanischen Eroberern nach Amerika gekommen. Um 1710 gelangten die ersten Pferde zu den Nez-Perce-Indianern. Nach der Vertreibung des Indianerstammes aus seinem Gebiet am Palouse River – von dem die Rasse ihren Namen hat (aus den „Palouse Horses" wurde „A Palousy" und schließlich Appaloosa) – wurden die bunten Pferde nahezu ausgerottet. Anfang des 20. Jahrhunderts konzentrierte sich der Rancher Claude Thompson darauf, den Bestand wieder aufzubauen. Er ließ 1929 die ersten Stuten registrieren. Quarter Horses, Araber und Vollblüter wurden eingekreuzt, 1938 wurde der „Appaloosa Horse Club" gegründet. Die Farbzeichnung des Appaloosa gibt es in unterschiedlichsten Mustern sowie einfarbig. Die Scheckung rangiert vom „Blanket" (Schabrackenschecke) über „Snowflake" (Schneeflockenschecke) und den „Leopard Coat" (Tigerschecke) bis hin zum „Marble Pattern" (Marmorschecke). Außerdem gibt es sieben Fellmaserungen von einfarbig bis gepunktet.

Steckbrief

Herkunft:	Nordwestamerika
Zuchtverband:	Appaloosa Horse Club
Hauptzuchtgebiet:	Amerika
Verbreitung:	USA, Kanada, Mexiko, Australien, Europa
Stockmaß:	1,47 bis 1,62 Meter
Farben:	alle, sechs Scheckmuster und sieben Fellmaserungen, auch einfarbig, keine Albinos und Cremellos
Zuchtziel:	symmetrisch gebautes, ausdauerndes, hartes, athletisches Pferd; Temperament: gelassen, sanft, ausdauernd, leistungsbereit
Verwendung:	Western, vielseitiges Freizeitpferd, Jagdreiten, Springen, Dressur
Besonderheiten:	weiß umrandete Pupille (Menschenauge), gefleckte Haut
Kontakt:	**www.appaloosa.com**
	www.aphc-germany.de
	www.appaloosa.at
	www.appaloosa.ch

MUSTANG

DAS WILDE PFERD

Der Name „Mustang" leitet sich ab aus dem spanischen Wort „mesteño" (eine Gruppe von Pferden, auch „das Pferd, das der Gruppe gehört"). Mustangs sind die wild lebenden Pferde im Westen Amerikas. Sie haben sich im 16. Jahrhundert aus den entlaufenen Pferden der spanischen Kolonialisten zu einem großen Bestand vermehrt. Erkennbar sind andalusische, berberische und arabische Einflüsse. Der Mustang ist als Pferd der Indianer, Rancher, Goldsucher und der US-Kavallerie sozusagen das Nationalpferd der Amerikaner. Anfang des 20. Jahrhunderts gab es rund zwei Millionen dieser „Broncos" (bedeutet: wild, ungezähmt). In den nächsten Jahrzehnten erlebten sie eine entsetzliche Zeit – wurden zu Tode gehetzt, herdenweise erschossen, zu Pferdefleisch und Hundefutter verarbeitet. Bis Mitte des 20. Jahrhunderts war der Bestand auf knapp 6000 so stark dezimiert, dass der Mustang vom Aussterben bedroht war. 1981 gründete sich die „Mustang and Burro Association", die sich für die wilden Pferde stark macht.

Auch heute noch werden Mustangs massenweise gefangen und getötet, obwohl es seit den 1970er-Jahren gesetzliche Maßnahmen zu ihrem Schutz gibt. Mustangs gelten heute dennoch nicht (mehr) als gefährdet, auch wenn es fast unmöglich ist, ihren Bestand zu erfassen. Ihre Zahl wird mittlerweile auf einige zigtausend Tiere geschätzt, von denen etwa 75 Prozent in Nevada leben sollen.

Steckbrief

Herkunft:	Nordamerika
Zuchtverband:	American Mustang and Burro Association
Verbreitung:	USA, vor allem New Mexico, Texas, Wyoming, Kalifornien, Schutzgebiete in Arizona und Utah
Stockmaß:	1,35 bis 1,65 Meter
Farben:	alle, auch Albinos
Zuchtziel:	keines; das Exterieur ist aufgrund unterschiedlichster Kreuzungen nicht einheitlich.
Temperament:	ausdauernd, hart, widerstandsfähig, genügsam, misstrauisch
Verwendung:	Rodeo, Cowhorse, zur Kreuzung mit anderen Rassen
Besonderheiten:	erstes wildes Pferd im Westen Amerikas
Kontakt:	www.ambainc.net

MORGAN HORSE

DAS REINBLUT

Das edle Morgan Horse ist die älteste noch lebende amerikanische Pferderasse. Sie geht zurück auf einen Ausnahmehengst, den nur 1,43 Meter großen *Figure*, der bekannt geworden ist unter dem Namen seines Besitzers, des Farmers Justin Morgan. Der braune Hengst wurde 1789 gekört und starb 32-jährig im Jahr 1821. Er blieb bei Zugwettbewerben sowie in Trab- und Galopprennen – so die Legende – ungeschlagen. Das leichtfüßige, elegante Morgan Horse geht möglicherweise auf einen Welsh Cob zurück. Es gibt Theorien, die besagen, es stamme von einem Vollblüter namens *True Briton* ab, wieder andere behaupten, es sei niederländischen Ursprungs. Gezüchtet wurde das Morgan Horse als Allrounder und diente ursprünglich auf den kleinen Farmen Vermonts als Arbeits-, Kutsch- und Trabrennpferd. Auch die Kavallerie der US-Armee schätzte seine Qualitäten. 1909 wurde der „Morgan Horse Club" gegründet (seit 1971 „American Morgan Horse Association"). Über die Jahre sind zwei Typen entstanden: das Park Horse mit extremer Vorhandaktion und das Pleasure Horse. Morgan-Horse-Blut fließt unter anderem im American Saddlebred, im American Standardbred, im Tennessee Walking Horse und im Quarter Horse.

Steckbrief

Herkunft:	Nordamerika (Neuengland)
Zuchtverband:	American Morgan Horse Association
Hauptzuchtgebiet:	Ostküste der USA
Verbreitung:	USA, Kanada, Europa
Stockmaß:	1,43 bis 1,63 Meter
Farben:	vor allem Braune und Füchse, selten Schimmel, keine Schecken
Zuchtziel:	leistungswilliger, edler Allrounder mit spektakulären Gängen und hoher Aufrichtung, edler Kopf, üppiges Langhaar
Temperament:	spritzig, gutmütig, gelehrig, arbeitsfreudig, menschenbezogen
Verwendung:	Reit-, Fahr- und Showpferd, Western-, Distanzreiten, Vielseitigkeit
Besonderheiten:	Das Denkmal des Rassebegründers Justin Morgan steht auf der Morgan Farm in Vermont.
Kontakt:	**www.morganhorse.com** **www.morganhorse-dmha.de**

AMERICAN SADDLEBRED

Steckbrief

Herkunft:	Kentucky/USA
Zuchtverband:	American Saddlebred Horse Association
Hauptzuchtgebiet:	Kentucky, Virginia, Missouri, Indiana
Verbreitung:	weltweit
Stockmaß:	1,52 bis 1,62 Meter
Farben:	alle
Zuchtziel:	sehr edles Fahr- und Showpferd mit hoher Gangveranlagung, hoch aufgesetztem Hals, leichtem Genick und hoch angesetztem Schweif, leichtes Fundament, extrem lange Hufe, fließende Bewegungen sowie üppiges Langhaar
Temperament:	leistungsstark, clever, vertrauensvoll, ausdauernd, genügsam
Verwendung:	Show-, Wagen- und Reitpferd (Dressur, Springen, Gelände), Western
Besonderheiten:	Die Filmpferde Fury und Black Beauty aus den 1960er-Jahren waren Saddlebreds.
Kontakt:	**www.asha.net**

DAS FILMPFERD

Der Grundstein für das Saddlebred Horse (früher Kentucky Saddlebred) legten englische Kolonialisten im 17. Jahrhundert, als sie Galloway und Hobby Horses nach Amerika einführten. Selektive Züchtung brachte den Narraganset Pacer hervor, der aus der Mode geriet, als der Bedarf an bequemen Reitpferden der Nachfrage nach eleganten Wagenpferden wich. 1706 wurden die ersten Vollblüter importiert, 1776 entstand aus der Kreuzung zwischen diesen Rassen das Allzweck-Reitpferd American Horse. Im 19. Jahrhundert kam das American Horse nach Kentucky und Missouri. 1839 wurde der Vollblutsohn *Gaines' Denmark* geboren, einer der Stammväter der Rasse. Mitte des Jahrhunderts war die Rasse etabliert. 1891 wurde die „American Saddlebred Horse Association" in Louisville, Kentucky, gegründet.

1971 wurde ein „Half-Saddlebred"-Zuchtbuch eingeführt. Moderne Saddlebreds werden in Dreigänger und Fünfgänger unterschieden, letzterer zeigt zusätzlich die Gangarten Slow Gait und Rack. Dritte Gruppe sind die edlen Wagenpferde.

Das elegante Gangpferd mit dem hoch getragenem Kopf und Schweif gilt unter Liebhabern – vor allem in den USA – als das perfekte Showpferd. Sehr viel Wert wird beim „Saddler" auf eine spektakuläre Beinaktion gelegt.

MISSOURI FOXTROTTER

DER KOMFORTABLE

Der natürliche Viergänger Misssouri Foxtrotter entstand Anfang des 18. Jahrhunderts in den US-Bundesstaaten Missouri und Arkansas. Namensgebend ist der Foxtrott, der „unterbrochene Gang" (Vierschlag): Das Pferd trabt mit den Hinterbeinen und geht im Walk mit den Vorderbeinen – eine bequeme Art für den Reiter, in unwegsamem Gebiet sicher vorwärtszukommen. Die umgänglichen Foxtrotter gehen auf Araber, Morgan Horses, American Saddlebreds, Tennessee Walking Horses und Standardbreds zurück. Sie wurden von den frühen Siedlern in den unwegsamen Ozark-Bergen von Missouri und Arkansas als Fortbewegungsmittel gezüchtet. Beliebt waren sie vor allem bei Rinderzüchtern, Landärzten und Sheriffs. Kaum eine andere Pferderasse hat die Gangqualitäten dieses „Cowboy-Rolls-Royce", der in dem unvergleichlich bequemen Vierschlag bis zu zwölf Stundenkilometer schnell ist – und das in einem Gelände, durch das ihm nur ein Muli folgen kann.

1948 begann mit der Gründung der „Missouri Fox Trotting Horse Breed Association" die Reinzucht. Der Bestand in Europa wächst seit den 1990er-Jahren, nur die englische Königin hatte bereits Mitte der 1950er-Jahre ein Dutzend Tiere einführen lassen. In Deutschland leben einige Hundert Exemplare.

Steckbrief

Herkunft:	*Missouri/USA*
Zuchtverband:	*The Missouri Fox Trotting Horse Breed Association*
Hauptzuchtgebiet:	*Missouri und Arkansas (USA)*
Verbreitung:	*USA, Kanada, Mitteleuropa, Deutschland*
Stockmaß:	*1,40 bis 1,60 Meter*
Farben:	*alle, vor allem Füchse*
Zuchtziel:	*trittsicheres, ausdauerndes Gangpferd mit dem weichen, „gebrochenen" Gang „Foxtrott" für raues Gelände und Distanzen*
Temperament:	*ausdauernd, arbeitswillig, umgänglich, genügsam*
Verwendung:	*Hauptfortbewegungsmittel der amerikanischen Amish People, Pferde der US-amerikanischen Forest Ranger, Distanzreiten, Fahren*
Besonderheiten:	*Der Missouri Foxtrotter wird streng auf die Gangart Foxtrott hin selektiert.*
Kontakt:	**www.mfthba.com** **www.emftha.com**

TENNESSEE WALKING HORSE

DAS PFERD DER PLANTAGENBESITZER

Das Tennessee Walking Horse ist vor allem in den USA ein verbreitetes Showpferd. Es wurde ursprünglich im 18. Jahrhundert als Reitpferd für die nordamerikanischen Plantagenbesitzer gezüchtet und ist aus unterschiedlichen Pferderassen entstanden. Passveranlagte Pferde wurden mit Trabern gepaart, der Canadian Pacer, das Morgan Horse, English und American Thoroughbreds, das Saddle Horse und das Standardbred eingekreuzt. Herausgekommen ist ein kompaktes, bequemes Arbeitspferd mit Ramsnase, das eine besondere Gangart zeigt, die zwischen Tölt und Pass liegt: den Walk. Es gibt ihn in den Ausprägungen Flat-Footed Walk (gleitender Schritt) und Running Walk (Rennschritt), wobei der Kopf rhythmisch nickt. Der Walker zeigt ferner den Canter, einen versammelten Galopp ohne Sprungphasen (Schaukelstuhlgalopp). Stammvater der Rasse ist ein Hengst namens *Black Allen*, eine Saddlebred-Morgan-Kreuzung. 1935 wurde die „Tennessee Walking Horse Breeders' and Exhibitors' Association" gegründet und das Stutbuch angelegt. Seit 1947 ist die Rasse offiziell anerkannt. Im selben Jahr wurde das Stutbuch geschlossen, seitdem wird in Reinzucht weitergezüchtet.

Steckbrief

Herkunft:	Tennessee/USA
Zuchtverband:	Tennessee Walking Horse Breeders' and Exhibitors' Association
Hauptzuchtgebiet:	USA
Verbreitung:	USA, Kanada, Südamerika, Europa
Stockmaß:	1,40 bis 1,70 Meter
Farben:	alle außer Schecken und Albinos
Zuchtziel:	leichtrittiges, harmonisches Pferd mit den „stoßfreien" Gangarten Walk und Canter und hoch aufgesetztem Hals
Temperament:	gutmütig, ausgeglichen, menschenbezogen, ausdauernd
Verwendung:	Show (in den USA), Western, Freizeit, Fahren, Wanderreiten
Besonderheiten:	Kein anderes Pferd zeigt den typischen Running Walk, eine Gangart, die den Tennessee Walker in den USA zu einem gefragten Showpferd macht.
Kontakt:	www.twhbea.com www.etwha.de

MANGALARGA MARCHADOR

DER STOLZ DER BRASILIANER

Der Mangalarga Marchador hat – so lautet eine Theorie – seinen Namen vom Berg Mangalarga und seiner angeborenen töltartigen, viertaktigen Gangart Marcha. Sein Ursprung findet sich in der portugiesischen Kolonialzeit Brasiliens. Die Rasse gründet sich aller Wahrscheinlichkeit nach auf berberische sowie (spanisch-)portugiesische Pferde und einheimische Landstuten. Großen Einfluss hatte das portugiesische Königshaus und das vormals königliche Gestüt Altér do Chao, denn König Joao VI. brachte Anfang des 19. Jahrhunderts Vererber der Gestütsrasse Altér Real zur Zucht nach Brasilien. 1949 wurde der brasilianische Mangalarga-Marchador-Zuchtverband gegründet, der auch das Ursprungszuchtbuch führt. Leistungsbereitschaft, Ausdauer, Raumgriff, Trittsicherheit und Bequemlichkeit werden ausdrücklich gewünscht. Viele Marchador-Liebhaber lehnen allerdings ab, dass ihre brasilianischen Pferde traben. Marchadores, die nur Trab zeigen, werden sogar – ebenso wie reine Passgänger – von der Zucht ausgeschlossen. Sowohl die im Ursprungsland Brasilien bevorzugte Marcha-Variante „Batida" (zum Trab hin verschoben) als auch ein regelmäßiger Viertakt (auch mit leichter Verschiebung zum Pass; „Marcha Picada") werden akzeptiert.

Steckbrief

Herkunft:	Bundesstaat Minas Gerais, Brasilien
Zuchtverband:	Associação Brasileira dos Criadores do Cavalo Mangalarga Marchador
Hauptzuchtgebiet:	Brasilien
Verbreitung:	Brasilien, Südamerika, Deutschland, Europa
Stockmaß:	1,40 bis 1,57 Meter
Farben:	alle außer Albinos, gescheckte Marchadores heißen „Pampa"
Zuchtziel:	leichtes, elegantes und genügsames Naturgangpferd mit der Zusatzgangart Marcha, mit dreieckigem Kopf, gut bemuskelter Brust und ausgeprägten Gelenken
Temperament:	gutmütig, aktiv, gelehrig, unkompliziert
Verwendung:	Distanz- und Wanderreiten, Freizeit, Gangpferdeturniere
Besonderheiten:	Neben den drei Grundgangarten bieten die Mangalarga Marchadores die Marcha an, eine Art Tölt – sie ersetzt in der Regel den Trab.
Kontakt:	http://desenvolvimento.abccmm.org.br

DAS HIRTENPFERD

„Criollo" bedeutet „von spanischer Abstammung": Das kompakte Pferdchen ist ein Nachkomme der mit den spanischen Eroberern im 16. und 17. Jahrhundert ins – bis dahin pferdelose – Südamerika gekommenen Vierbeiner, die von der Iberischen Halbinsel stammten und viel Araber- und Berberblut führten. Selbst Percheron-Blut fließt in ihren Adern. Aus entlaufenen Tieren formte die raue argentinische Pampa das typische Gaucho-Pferd, das millionenfach in halbwilden Herden in verschiedenen Staaten Südamerikas lebt.

Diese Pferde kommen in über 100 Farbvarianten und von Land zu Land in verschiedenen Typen vor, sind sich aber so ähnlich, dass sie in Deutschland unter dem Namen „Criollo" zusammengefasst werden. Die argentinischen Exemplare entsprechen dem Rassetyp am meisten. Allen gemeinsam ist die Pass- und Töltveranlagung. Typisch für die extrem robusten Pferde ist der Ramskopf, die geschorene Mähne und der gestutzte Schweif – damit sie bei der Rancharbeit nicht im Gestrüpp hängen bleiben. Ein Stutbuch wurde 1918 eröffnet, der Zuchtverband 1923 in Argentinien gegründet, 1959 schlossen sich die Zuchtverbände aller Criollo-Rassen in einem Zuchtbuch zusammen, um Mischprodukte (Mestizios, Cruzados) von der Zucht auszuschließen.

Steckbrief

Herkunft:	Südamerika
Zuchtverband:	Asociación Criadores de Caballos Criollos
Hauptzuchtgebiet:	Argentinien, Brasilien, Chile, Uruguay
Verbreitung:	Südamerika
Stockmaß:	1,38 (minimal für Stuten) bis 1,52 Meter (maximal für Hengste)
Farben:	alle, überwiegend dunkle Falben (mit Aalstrich), Overo-Scheckung, Tobianos nur in Uruguay und Brasilien, keine Albinos
Zuchtziel:	widerstandsfähiges, wendiges und trittsicheres Pferd für die „Peones", die Estancia-Arbeiter, zum Viehtreiben
Temperament:	ausdauernd, leistungsbereit
Verwendung:	Gaucho-Pferd, Freizeit, Wanderreiten, Western, Polo
Besonderheiten:	Der Criollo fällt durch seinen typischen Ramskopf auf und ist besonders robust und anspruchslos.
Kontakt:	www.caballoscriollos.com

PASO PERUANO

Steckbrief

Herkunft:	Peru
Zuchtverband:	Asociación Nacional de Criadores y Propietarios de Caballos Peruanos de Paso
Hauptzuchtgebiet:	Peru, Argentinien, USA
Verbreitung:	Peru, USA, Kanada, Europa
Stockmaß:	1,43 bis 1,55 Meter
Farben:	alle außer Albinos und Schecken
Zuchtziel:	iberisch geprägte Erscheinung mit hoch aufgesetztem Hals, elastischem Rücken und kräftigem Fundament mit den drei Grundgangarten Schritt, Tölt und Galopp, starker Behang
Temperament:	leichttrittig, nervenstark, sensibel, feurig, robust, menschenbezogen
Verwendung:	Arbeitspferd zum Viehtreiben, Freizeit-, Wander- und Distanzreiten, Show
Besonderheiten:	In seiner Heimat wird er als Ein-Gang-Pferd im viertaktigen Tölt „Paso Llano" geritten, weitere Gangart ist der Sobreandando.
Kontakt:	www.ancpcpp.org.pe www.pasoclubinternational.com/de.aspx

bequemen Pferde für die Inspektion ihrer Plantagen. Auch waren und sind die edlen Pferde mit der feurigen sowie anmutigen Ausstrahlung („brio") Statussymbole. Erst 1973 kamen die Paso Peruanos nach Europa, eingeführt von dem 1935 in der Schweiz geborenen Westerntrainer Jean-Claude Dysli. Anfängliche Inzuchtprobleme wurden überwunden. Neben dem bequemen Paso Llano und dem zum Pass hin verschobenen Sobreandando zeichnet die Pferde die „kraulende" Aktion Termino aus, die ein noch bequemeres Sitzen ermöglicht. Trab bieten sie unter dem Sattel meist nicht an. Die Paso Peruanos haben eine eigene Turnierprüfungsordnung. Seit 1946 gibt es in Peru ein zentrales Stutbuch bei der „Asociation Nacional de Criadores y Propietarios de Caballos Peruanos de Paso", seit 1982 führt die ihr angeschlossene europäische Paso-Peruano-Vereinigung („Paso Peruano Europa") ein Zuchtregister. Dort sind alle rund 700 Paso Peruanos in Europa eingetragen.

Zur traditionellen Ausstattung des Reiters gehören ein weißer oder farbiger Poncho, der breitkrempige Hut, genannt Sombrero, und ein weißes Halstuch.

DER DREIGÄNGER MIT DEM „BRIO"

Die spanischen Eroberer brachten im 16. Jahrhundert ihre Kriegspferde mit nach Amerika und Peru. Die altspanischen und nordafrikanischen Pferde wurden mit Landrassen gekreuzt, und der „Caballo Peruano de Paso" war geboren. Er wird seit 1534 gezüchtet. Vor allem die Großgrundbesitzer nutzen damals wie heute die anspruchslosen, harten und

DIE PFERDE MIT DEM FEINEN GANG

Die Vorfahren des eleganten Naturtölters Paso Fino gelangten auf Kolumbus' zweiter Reise mit den spanischen Eroberern nach Amerika. Die importierten spanischen und portugiesischen Pferde, Andalusier, afrikanische Berber und der ausgestorbene spanische Genet, waren Zuchtgrundlage für die Pferde der Wechselstationen. Die athletischen, reaktionsschnellen Tiere trugen ihre Reiter tagelang über Gebirge sowie durch dichten Dschungel – womit sie den Spaniern die Eroberung der Neuen Welt ermöglichten. Sie wurden „Los Caballos de Paso Fino" (die Pferde mit dem feinen Gang) genannt.

Entstanden ist der feingliedrige Paso Fino im Laufe der Jahrhunderte durch natürliche und züchterische Selektion. In den USA war die Rasse bis in die 1940er-Jahre praktisch unbekannt. 1973 wurden schließlich einige Pasos in die Schweiz eingeführt. Seit Mitte der 1970er-Jahre hat sich die Rasse über ganz Europa verbreitet. Der Paso Fino bewegt sich meist in seiner angeborenen Gangart Tölt.

Steckbrief

Herkunft:	Puerto Rico
Zuchtverband:	Paso Fino Horse Association
Hauptzuchtgebiet:	Puerto Rico, Kolumbien
Verbreitung:	Süd- und Nordamerika, Dominikanische Republik, Kuba, Europa
Stockmaß:	1,36 bis 1,56 Meter
Farben:	alle (mit Wildzeichnung), weiße Abzeichen unerwünscht
Zuchtziel:	edles, gut proportioniertes Pferd, das sein spanisches Erbe zeigt, mit extrem weichen Bewegungen, ausgeprägter Hankenaktion und klarer Viertaktfußfolge im Tölt; die typische Schweifhaltung ist gerade nach unten gestreckt oder fahnenartig nach hinten ausgestellt
Temperament:	sanft, impulsiv, rittig, lebendig, trittsicher, menschenbezogen
Verwendung:	Freizeit, Show, Gelände, Western, Gangpferdeturniere
Besonderheiten:	genetisch fixierter Tölt in drei Tempi Corto, Largo und Fino, je nach Ausbildung und Veranlagung noch die Gangarten Trocha und Trote
Kontakt:	**www.pfha.org** **www.pfve.de**

ACHAL TEKKINER

DIE HIMMLISCHEN PFERDE MITTELASIENS

Die Nachfahren der Nissäischen Rasse, die Achal Teken oder auch Argamak, haben sowohl Arabische als auch Englische Vollblüter beeinflusst. Die zähen und sehr intelligenten Pferde, die ihren Namen vom turkmenischen Nomadenstamm der Tekke haben, werden seit mindestens 3000 Jahren von zentralasiatischen Völkern genutzt. Der iranische Herrscher Nadir Schah (1688 bis 1747) veredelte als Erster turkmenische Pferde mit arabischen Hengsten. Verwandte sind die Rassen Yomud und Kabardiner aus dem westlichen und nördlichen Kaukasus.

Über Russland kamen die „Windhundpferde" im 18. Jahrhundert in den Osten Mitteleuropas, unter anderem in das 1732 gegründete Hauptgestüt Trakehnen. 1912 ließ die russische Militärverwaltung die Gründung eines Gestüts bei Aschchabad sowie ein Zuchtbuch für das Achal-Teke-Pferd zu. Zur (missglückten) Zuchtveredlung wurden bis 1932 Englische Vollblüter eingesetzt. Die nach 1932 geborenen Nachkommen sind nicht als reinrassig anerkannt. Seit 1938 gibt es ein Reinzuchtprogramm.

1995 wurde in Moskau die Internationale Gesellschaft für Achal-Tekkiner-Zucht gegründet, die die Original-Zuchtpapiere ausstellt. Die oft gold schimmernde Fellfarbe brachte den Achal Tekkinern den Namen „Himmelspferde" ein.

Steckbrief

Herkunft:	Turkmenistan
Zuchtverband:	Meshdunarodnaja Assoziazija Achaltekinskogo Konnevodstvo (Internationale Gesellschaft für Achal-Tekkiner-Zucht)
Hauptzuchtgebiet:	Turkmenistan
Verbreitung:	Turkmenistan, Kasachstan, Kaukasus, Iran, Europa, USA, Kanada
Stockmaß:	1,50 bis 1,68 Meter
Farben:	Braune, Füchse und Falben, oft mit Gold-/Metallschimmer
Zuchtziel:	sehniges Gebäude bei edler Haltung, langer Hals mit viel Aufrichtung, langer Rücken mit gut bemuskelter Kruppe, aber schmaler Brust, fließender, elastischer Gang und großer Raumgriff
Temperament:	außerordentlich ausdauernd und hart, leistungsbereit, reaktionsschnell, zuverlässig, anspruchslos
Verwendung:	Distanzsport, Vielseitigkeit, Springen, Dressur, Fahrsport, Rennen, oft als Zirkuspferde eingesetzt
Besonderheiten:	Einer der Gründerhengste des Englischen Vollblüters Byerley Turk (geboren circa 1678) ist möglicherweise ein Achal Tekkiner gewesen.
Kontakt:	www.members.aon.at/tekke/maak www.maakcenter.org www.achal-tekkiner.de

AUSTRALISCHES WARMBLUT

WARMBLUT VON „DOWN UNDER"

Australien war ursprünglich ein Land ohne Pferde. Erst britische Einwanderer brachten die Vierbeiner im 18. Jahrhundert auf den fünften Kontinent. Die Mehrzahl der australischen Warmblüter hat ihre Wurzeln in importierten Warmbluthengsten aus aller Welt. Heute sind die Zahlen von importierten und heimisch gezogenen zur Zucht zugelassenen Hengsten beinahe gleich groß. Die „Australian Warmblood Horse Association" (AWHA) wurde Anfang der 1970er-Jahre in Victoria gegründet. Ursprünglich hieß der Verband „German Warmblood Horse Association", weil einer der ersten Importhengste 1968 der Holsteinerhengst *Flaneur* aus Deutschland war. In den 1970er- und 1980er-Jahren wurden verstärkt Warm- und Vollbluthengste sowie Angloaraber eingeführt und mit Stuten verschiedener Rassen gekreuzt. Diese unkontrollierten Anpaarungen nahmen ein Ende, weil die AWHA mit dem internationalen Sportpferdestandard mithalten wollte. Seit 1985 gibt es eine kontrollierte Zucht, es wurden landesweit gültige Zuchtrichtlinien verabschiedet.

Steckbrief

Herkunft:	Australien
Zuchtverband:	Australian Warmblood Horse Association
Hauptzuchtgebiet:	Australien
Verbreitung:	Australien
Stockmaß:	ab 1,58 Meter
Farben:	alle Grundfarben, keine Schecken
Zuchtziel:	ein für den Turniersport geeignetes, leistungswilliges Reitpferd für die Disziplinen Dressur, Springen, Vielseitigkeit und Fahren von Qualität, korrekter Statur und mit energischen, ausbalancierten Bewegungen mit Springvermögen und guter Technik
Temperament:	leistungsbereit, vielseitig, umgänglich
Verwendung:	alle Sparten des Reitsports
Besonderheiten:	Britische Kolonialisten brachten ab 1788 die ersten Pferde ins Land.
Kontakt:	www.awha.com.au

BERBER

Steckbrief

Herkunft:	Nordafrika
Zuchtverband:	Organisation Mondiale du Cheval Barbe
Hauptzuchtgebiet:	Algerien, Marokko, Tunesien, Frankreich, Deutschland, Belgien, Schweiz
Verbreitung:	weltweit
Stockmaß:	1,48 bis 1,60 Meter
Farben:	alle, zu 80 Prozent Schimmel
Zuchtziel:	quadratisches, harmonisches Reitpferd, außergewöhnlich rittig, leistungsbereit und leistungsfähig; erwünscht ist eine starke emotionale Bindung an die Bezugsperson und ein angenehmes Sozialverhalten gegenüber Artgenossen
Temperament:	menschenbezogen, zuverlässig, lernwillig, nervenstark, mutig
Verwendung:	Wander- und Distanzritte, Show, Western, Dressur bis zur Hohen Schule, teilweise töltveranlagt, Fahren, Polo
Besonderheiten:	Das Berberpferd hat fast alle amerikanischen Rassen – unter anderem Quarter Horse, Criollo, Mangalarga Marchador, Mustang – beeinflusst. Einer der Begründerhengste der englischen Vollblutzucht ist der Berberhengst Godolphin Barb.
Kontakt:	**www.omcb-barbe.org** **www.vfzb.de**

DER „HUND", DEN MAN REITEN KANN

Die Besitzertreue des Berberpferdes ist neben seiner Zuverlässigkeit und Nervenstärke herausragendstes Merkmal dieser mehr als 2000 Jahre alten Rasse. Mehr als andere Pferde zeigt der Berber ein ausgeprägtes Sozialverhalten, denn seit jeher leben die treuen Pferde in ihrer Heimat mit den nordafrikanischen Berbern, Nomaden und Bauern, eng zusammen. Das Berberpferd war in seiner Heimat Nordafrika schon 400 v. Chr. geschätztes Kriegsross, eroberte mit den Mauren im 8. Jahrhundert die Iberische Halbinsel und gelangte 1492 mit Kolumbus nach Amerika. Dort war das Berberpferd an der Entstehung zahlreicher Rassen beteiligt.

Im Barock und in der Renaissance wurde der Berber als Kriegspferd und edles Ross für Herrscher geschätzt. Die leichtfüßigen Pferde aus der „Barbarie" waren Statussymbole und ideal für die Hohe Schule geeignet. Im 18. Jahrhundert wurde der Berberhengst *Godolphin Barb* einer der Stammväter des Englischen Vollbluts. Bei der Besetzung Nordafrikas durch die Franzosen (1830) wurden etliche Berberpferde beschlagnahmt und mit Vollblutaraberhengsten gekreuzt: Im Maghreb entstanden einige bedeutende Gestüte. Im Zweiten Weltkrieg schließlich gelangten zahlreiche Berber als Kriegsbeute nach Europa und gingen dort oft als Araber in die Zuchten ein.

Der reine Berber war Mitte des 20. Jahrhunderts in seinen Ursprungsländern Algerien, Marokko und Tunesien fast verschwunden. Bemühungen, teilweise mit staatlicher Unterstützung im Maghreb, das Erbgut zu erhalten, fruchteten jedoch. Heute scheint das Überleben des Berbers gesichert. Dennoch sind fast 95 Prozent aller Pferde im Maghreb Araber-Berber, eine eigenständige Rasse, die während der islamischen Eroberung Nordafrikas im 7. und 8. Jahrundert durch die Kreuzung von Arabern und Berbern entstand. Das neue Pferd vereint die Treue, den Mut und die Robustheit des Berbers mit der Schnelligkeit und Schönheit des Arabers.

Steckbrief

Herkunft:	Gestüt Mezöhegyes, Ungarn
Zuchtverband:	Nóniusz Lótenyésztö Országos Egyesület
Hauptzuchtgebiet:	Ungarn
Verbreitung:	Ungarn, Österreich, Bosnien, Herzegowina, Tschechische Republik, Rumänien, Bulgarien, Türkei
Stockmaß:	1,45 bis 1,65 Meter
Farben:	vor allem Braune und Rappen
Zuchtziel:	großrahmiger, muskulöser, mittelschwerer bis schwerer Warmblüter im Karossiertyp mit kräftigem Fundament als Vielzweckpferd mit ausgezeichneten Fahreigenschaften
Temperament:	lebhaft, ausgeglichen, energisch, gutmütig
Verwendung:	Reit- und Zugpferd
Besonderheiten:	Durch die Einkreuzung von Vollblütern und Holsteinern hat der Nonius den Grundstock für das Mezöhegyeser (Ungarisches) Sportpferd gelegt.
Kontakt:	www.noniuszegyesulet.hu

DER DEN NAMEN SEINES VATERS TRÄGT

Die wohl bedeutendste – und auf jeden Fall älteste – im ungarischen Staatsgestüt entstandene Kulturrasse ist der Nonius. Er trägt seinen Namen nach seinem Stammvater *Nonius I.* (1810 bis 1839), der in Zweibrücken aufgestellt war und 1815 nach der gewonnenen Schlacht gegen Napoleon von den Österreichern bei Leipzig erbeutet wurde.

Der nicht ganz korrekt gebaute Anglonormanne wurde in das von Kaiser Joseph II. gegründete ungarische Gestüt Mezöhegyes gebracht und mit spanisch-neapolitanischen Stuten angepaart, um ein schweres Warmblut zu zeugen. Großen Einfluss auf Gänge und Exterieur hatten Lipizzaner und Kladruber. Auf *Nonius I.* beziehungsweise seinen Sohn *Nonius IV.* gehen alle lebenden Pferde der Rasse zurück. Als eigenständige Rasse kann man die in starker Inzucht vermehrten Nonius-Pferde seit 1940 bezeichnen. Früher wurden sie nach Größe in einen kleineren und größeren Typ unterteilt

(bis und ab 1,58 Meter). Seit 1961 gibt es nur einen modernen, sportlichen Typ. Ab den 1960er-Jahren wurde vermehrt Englisches Vollblut zur Veredelung eingesetzt, um eine Inzuchtdepression zu vermeiden. Seit dem Zusammenbruch des Ostblocks ist die Heimat der Zucht das privatisierte Gestüt Hortobagypuszta in Nordostungarn. Nachzuchten finden sich in den meisten Nachfolgestaaten der ehemaligen österreichisch-ungarischen Donaumonarchie, in Rumänien, Bulgarien und in der Türkei.

MAREMMANO

Steckbrief

Herkunft:	die Maremma in der Toskana, Italien
Zuchtverband:	Associazione Nazionale Allevatori Cavalli di Razza Maremmana
Hauptzuchtgebiet:	die Provinzen Grosseto und Viterbo in der Toskana
Verbreitung:	fast nur in Italien
Stockmaß:	meist 1,48 bis 1,65 Meter
Farben:	Rappen und Braune, Fuchsfarbe nur bei Stuten, keine Schimmel
Zuchtziel:	robuster, kräftiger Warmblüter mit ausdrucksvollem Kopf und muskulösem Hals auf stabilem Fundament mit schwungvollen, raumgreifenden Bewegungen
Temperament:	robust, widerstandsfähig gegen Kälte und Hitze, genügsam, ausdauernd, ausgeglichen, menschenbezogen
Verwendung:	Hirten-, Zug- und Wanderreitpferd
Besonderheiten:	Der Maremmano ist das Wirtschaftspferd der Toskana
Kontakt:	www.anamcavallomaremmano.com

DIE „OSTPREUSSEN ITALIENS"

Über Jahrtausende wurde die Rasse Maremmano, die eigentlich „Maremmano Tolfetano" heißt, geprägt von den klimatischen Bedingungen im Schwemmland Maremma in der südlichen Toskana. Der Maremmano stammt ab vom Neapolitaner und entwickelte sich aufgrund einer harten natürlichen Selektion zu einem robusten, mutigen Pferd, das seit etwa 900 bis 300 v. Chr. gezüchtet wird, für das es aber erst seit 1979 ein Zuchtbuch gibt. 1993 wurden Leistungsprüfungen eingeführt. Seine enorme Robustheit brachte ihm mit Anspielung auf den Trakehner den Spitznamen „der Ostpreuße Italiens" ein. Einkreuzungen von spanischen Pferden und Norfolk Roadstern sorgten für mehr Qualität, Umgänglichkeit und Gangvermögen. Veredler wie das Englische Vollblut tragen seit dem 19. Jahrhundert dazu bei, das ursprüngliche Arbeitspferd der italienischen Hirten zu einem vielseitigen, leistungsfähigen Sportpferd zu wandeln.

PONYS UND KLEINPFERDE

Zunächst einmal: Der Begriff „Pony" ist ursprünglich englisch und bedeutet „Pferdchen". Zweitens: Während ein Pony immer ein „Pferdchen" ist, ist ein „Pferdchen" noch lange kein Pony.

Als Ponys werden in der Regel kleine Pferde bezeichnet, die bis zu 1,48 Meter Widerristhöhe messen. Im Ponyleistungssport, der sich Anfang der 1970er-Jahre etablierte, sind per Reglement nur Ponys zugelassen, die dieses Endmaß nicht überschreiten. Ein Pony wird aber nicht nur über seine Größe, sondern auch über seinen Charakter definiert. Es ist vor allem robust, bodenständig, kompakt und umgänglich. Als typisches Pony ist das Shetlandpony zu nennen, das in Deutschland seit Anfang des 20. Jahrhunderts vorwiegend als Kinderpony, aber auch als Fahrpony für Erwachsene und als Zierde der großen Parks und Gutshöfe verbreitet war. Der Boom der Rasse „Deutsches Reitpony" entwickelte sich Mitte der 1960er-Jahre, als der Trend allgemein zum Sportpferdereiten ging und in diesem Zusammenhang mehr und mehr Kinder und Jugendliche in den Sattel stiegen. Ein Deutsches Reitpony ist quasi ein kleines Pferd und weist viele klassische Reitpferdepoints auf. Es zeichnet sich besonders durch seinen edlen, langlinigen Typ aus, hat aber etwas von der ursprünglichen Pony-robustheit eingebüßt. Hingegen werden Rassen mit typischen Ponyeigenschaften wie zum Beispiel Connemara und Welsh Cob – deren Vertreter oftmals größer sind als 1,48 Meter – als Kleinpferde bezeichnet. Isländer tragen sogar gleich den Namen „Islandpferde", obwohl sie meist unter 1,48 Meter bleiben. Als „Reitpony" wiederum wird ein Pony bezeichnet, das sich durch Rittigkeit auszeichnet – es kann also unter anderem ein New Forest oder ein Fjordpferd damit gemeint sein.

DEUTSCHES REITPONY

DER ENGLISCHSTÄMMIGE

Das Vorbild des Deutschen Reitponys ist das englische Riding Pony – ein edles, umgängliches sowie springfreudiges Pony im Endmaß mit Reitpferdemerkmalen. Zuchtgrundlage für das Deutsche Reitpony sind heimische und heimisch gewordene britische Ponyrassen, die mit Veredlern wie Araber, Angloaraber, Vollblut, teilweise Warmblut, Welsh Pony und Riding Pony angepaart wurden. In den 1960er-Jahren boomte der Reitsport, und die Nachfrage nach für Kinder geeignete, größere (Sport-)Ponys stieg. Ab 1975 erlebte die Ponyzucht in Deutschland einen Aufschwung; vor allem in Nordrhein-Westfalen, Niedersachsen/Weser-Ems, Hannover und Schleswig-Holstein entwickelte sich der Ponysport mit Schauen, Spielen, Rennen und Turnierprüfungen im Spring-, Dressur- und Vielseitigkeitssport. Längst hat sich der Ponysport als Leistungssport etabliert, seit 1979 sind Deutsche Reitponys beim Bundeschampionat mit sehr guten Erfolgen vertreten. Die deutsche Reitponyzucht wird in den der Deutschen Reiterlichen Vereinigung (FN) angeschlossenen Züchtervereinigungen in eigenständigen Teilpopulationen betrieben. Das Zuchtbuch wird seit 2004 gemeinsam geführt.

Steckbrief

Herkunft:	Deutschland
Zuchtverband:	der Deutschen Reiterlichen Vereinigung (FN) angeschlossene Zuchtverbände
Hauptzuchtgebiet:	Nordwestdeutschland (Nordrhein-Westfalen, Niedersachsen, Schleswig-Holstein)
Verbreitung:	Deutschland
Stockmaß:	1,38 bis 1,48 Meter
Farben:	alle
Zuchtziel:	elegantes, harmonisches Reitpony im Reitpferdetyp mit ausdrucksvollem, edlem Kopf, für Reitzwecke jeder Art geeignet
Temperament:	unkompliziert, umgänglich, einsatzfreudig, nervenstark, verlässlich und ausgeglichen
Verwendung:	Sport und Freizeit
Besonderheiten:	Die deutsche Reitponyzucht basiert auf englischen Ponyrassen, sie ist eine Kreuzungszucht aus dem englischen Riding Pony mit Veredlern.
Kontakt:	www.deutsches-reitpony.de
	www.pferd-aktuell.de

KLEINES DEUTSCHES REITPFERD

DER DEUTSCH GEBORENE

Das Kleine Deutsche Reitpferd ist kein zufällig klein geblie-
benes Pferd, sondern wird in Deutschland als vielseitige und
robuste Pferderasse auf Basis aller Reitpferde- und Ponyrassen
plus Veredler gezielt gezüchtet. Es gilt als unkompliziert und ist
daher besonders als Freizeitpferd geeignet, wird aber auch als
Sportpferd für Kinder, Jugendliche und Erwachsene eingesetzt.

    Das Ursprungszuchtbuch wird gemeinsam von den regio-
nalen Zuchtverbänden geführt, die der Deutschen Reiterlichen Vereinigung (FN) angeschlossen sind. Aber der Urhe-
berrechtsanspruch wird vom heutigen Pferdestammbuch
Mecklenburg Vorpommern-Norddeutschland angetreten.
Die ersten Kleinen Deutschen Reitpferde erblickten 1995 das
Licht der Welt. Das bundesweit geltende Zuchtbuch wurde
mit Eintragung des ersten für die Rasse anerkannten original Posener Trakehnerhengstes *Henryk* eröffnet. Posener Trakehner stammen aus dem früheren Westpreußen und waren
eine vielseitige Art des Trakehner Pferdes. In der Zucht des
Kleinen Deutschen Reitpferdes wird versucht, den ursprünglichen Typ des als ausgestorben geltenden Posener Trakeh-
ners wiederherzustellen.

Steckbrief

Herkunft:	Provinz Posen, Westpreußen
Zuchtverband:	der Deutschen Reiterlichen Vereinigung (FN) angeschlossene Verbände
Hauptzuchtgebiet:	Deutschland
Verbreitung:	Deutschland
Stockmaß:	1,49 bis 1,58 Meter, Hengste bis 1,62 Meter
Farben:	alle
Zuchtziel:	edles, großliniges und korrektes Reitpferd mit raumgreifenden Grundgangarten und gutem Schub aus der Hinterhand
Temperament:	robust, belastbar, genügsam, unkompliziert, einsatzfreudig, verlässlich, ausgeglichen
Verwendung:	Freizeit- und Sportpferd zum Reiten und Fahren
Besonderheiten:	Ausgangspopulationen sind alle Reitpferde- und Reitponyrassen sowie Veredlerrassen wie Arabisches Vollblut, Araber, Shagya-Araber, Angloaraber, Vollblut und Traber.
Kontakt:	www.kleines-deutsches-reitpferd.de www.pferd-aktuell.de

DÜLMENER

DER HALBWILDE

Natürlich leben die Dülmener nicht tatsächlich wild – das gibt unsere Zivilisation nicht mehr her. Vielmehr leben die letzten halbwilden Pferde Deutschlands, die bereits im Jahr 1316 urkundlich erwähnt wurden, in einem eingezäunten Wildgatter, in das Menschen keinen Zutritt haben. Einmal im Jahr – am letzten Sonnabend im Mai – wird die etwa 300 Tiere umfassende Herde zusammengetrieben, und es werden die Jährlingshengste gefangen und versteigert. Deshalb wird unterschieden in das Dülmener Wildpferd und den Dülmener – ein Pferd, das außerhalb der Herde in Gefangenschaft geboren wird.

Die westfälischen Ponys mit dem edlen Kopf leben in einer bewaldeten Moor- und Heidelandschaft, die 1840 vom Herzog Alfred von Croy in Einzelbesitze aufgeteilt wurde.

Der Lebensraum der Wildpferde wurde daraufhin so sehr eingeschränkt, dass es Mitte des 19. Jahrhunderts nur noch rund 150 Exemplare gab. Von Croy ließ daher 30 Hektar Land für 20 robuste Hengste und Stuten einzäunen. Heute umfasst das Gebiet 350 Hektar. Der Bestand erholte sich ohne Fremdblutzuführung. Um der Inzucht entgegenzuwirken, wurden Anfang des 20. Jahrhunderts Welsh A- und B-Hengste eingekreuzt. Folge: Die Pferde büßten von ihrer Widerstandsfähigkeit ein.

Nach dem Zweiten Weltkrieg sollte die Anpaarung mit Exmoor- und Huzulenblut ihre Härte und Genügsamkeit wieder verbessern. Großen Einfluss hatte der Konikhengst *Nougat XII.*, der die Mausfalbenfarbe in die Zucht einbrachte. Zwei Typen haben sich herauskristallisiert: ein etwas größerer, mausgrauer Tarpan-Typ und der gelbbraune Przewalski-Typ. Daneben gibt es Dunkelfalben und Schwarzbraunfalben mit Wildzeichnung. Seit 1956 werden zur Blutauffrischung die genetisch ähnlichen Koniks aus dem Tarpan-Rückzugsgebiet Popielno (Polen) eingesetzt. Das führt allerdings dazu, dass sich die graue Farbe der Koniks in der Herde im Bruch durchsetzt und die halbwilden Pferde größer werden.

Die gelehrigen Spätentwickler wurden 1994 in die Rote Liste der bedrohten Haustierrassen aufgenommen und gelten als „stark gefährdet". Die Interessengemeinschaft des Dülmener Wildpferdes Deutschland hat dafür gesorgt, dass die Dülmener als Kulturgut anerkannt und Maßnahmen getroffen wurden, um den Bestand zu erhalten. Heute leben in Deutschland weniger als 100 eingetragene Zuchtpferde außerhalb der Wildbahn.

Die ebenso schicken wie gelehrigen, charakterfesten und zähen Dülmener Wildpferde sind als unkomplizierte, freundliche Freizeitpferde und besonders auch als Reitpferde für Kinder und als Kutschpferde beliebt. Sie können in ganzjähriger Offenstallhaltung leben und geben sich mit kargem Weidegrund zufrieden.

LEWITZER

DAS DDR-PFERD

Die planmäßige Zucht dieses immer beliebter werdenden gescheckten Kleinpferdes begann 1971 im mecklenburgischen Lewitz auf Initiative von Ulrich Scharfenorth und Hans Joachim Schwark. Das in Neustadt-Glewe liegende Gestüt war damals „Volkseigenes Gut", Scharfenorth war sein Direktor. Der Lewitzer entstand aus Kreuzungen von Arabern, Trakehnern und Vollblütern mit Ponystuten und ist die einzige Pferderasse, die nach dem Zweiten Weltkrieg auf dem Gebiet der ehemaligen DDR entstanden ist. Sie wurde 1991 bundesweit anerkannt. Prägend für die Rasse waren der Scheckhengst *Salto B* und der Rappschimmelhengst *Poncho*. Das Gestüt wurde 1992 an den Pferdezüchter, Geschäftsmann und ehemaligen Springreiter Paul Schockemöhle verkauft, der sich verpflichtet hat, die Rasse zu erhalten. 2005 wurde das Stutbuch geschlossen – es wird heute die Reinzucht betrieben. Als Veredler sind nur Hengste des Hengstbuchs I. – also die „Top-Vererber" – der Rassen Deutsches Reitpony sowie Arabisches und Englisches Vollblut zugelassen. Das Ursprungszuchtbuch wird vom Verband der Pferdezüchter Mecklenburg-Vorpommern geführt.

Steckbrief

Herkunft:	Gestüt Lewitz in Mecklenburg, Deutschland
Zuchtverband:	Verband der Pferdezüchter Mecklenburg-Vorpommern
Hauptzuchtgebiet:	Mecklenburg-Vorpommern, Deutschland
Verbreitung:	Deutschland
Stockmaß:	1,30 bis 1,48 Meter (Hengste maximal 1,55 Meter)
Farben:	Rapp- und Braunschecken, manchmal Fuchsschecken, auch einfarbige erlaubt
Zuchtziel:	Plattenschecken aller Farben mit besten Charaktereigenschaften, vielseitig für Kinder und Erwachsene nutzbar
Temperament:	gelehrig, robust, freundlich, schnelles Reaktionsvermögen, leistungsbereit
Verwendung:	Freizeit, Turniersport (Springen, Vielseitigkeit) speziell für Kinder, Fahrsport, Distanzreiten
Besonderheiten:	einzige Originalrasse, die die ehemalige DDR hervorgebracht hat
Kontakt:	**www.mecklenburger-pferde.de**

AEGIDIENBERGER

Steckbrief

Herkunft:	Gestüt Aegidienberg, Deutschland
Zuchtverband:	Rheinisches Pferdestammbuch, weitere der Deutschen Reiterlichen Vereinigung (FN) angeschlossene Verbände
Hauptzuchtgebiet:	Rheinland, Deutschland
Verbreitung:	Deutschland
Stockmaß:	1,40 bis 1,50 Meter
Farben:	alle
Zuchtziel:	mittelgroßes, korrektes und starkes Reitpferd, widerstandsfähig und ausdauernd; mit genügend Adel und genetisch fest verankertem, raumgreifendem Tölt
Temperament:	freundlich, leistungswillig, clever, robust, umgänglich, menschenbezogen
Verwendung:	Freizeit, Gelände, Gangpferdeturniere, Show
Besonderheiten:	Zuchtversuch im „Fünfachtelverhältnis" aus Paso Peruano und Isländer, im Gegensatz zum Islandpferd kaum Sommerekzemveranlagung
Kontakt:	www.pferdezucht-rheinland.de www.aegidienberger.de

DIE MISCHUNG MACHT'S

Ausgangspunkt der Rasse Aegidienberger ist das Gestüt Aegidienberg bei Bad Honnef in Deutschland: Aus dem Isländer und dem Paso Peruano – zwei Rassen mit genetisch fixiertem Tölt – entstand ein töltveranlagter, ausdrucksstarker, harmonischer „Mischling" im Kleinpferdetyp. Der Schlag entstand 1981 als Zuchtversuch unter Schirmherrschaft des Rheinischen Pferdestammbuchs. Die Idee, Islandpferde mit Paso Peruano zu kreuzen, hatten die Islandpferdezüchter Walter Feldmann senior und junior. Die neue Rasse entsteht in einem „Fünfachtelverhältnis": Die direkte Kreuzung zwischen Paso Peruano und Isländer ist die F1-Stufe, die erneute Anpaarung mit einem Islandpferd ergibt die R1-Stufe. Vermischt man R1- und F1-Blut, entsteht der Aegidienberger, in dessen Adern zu fünf Achteln Islandpferdeblut fließt. In der Praxis heißt das: Der edle Körperbau der Pasos verbindet sich mit der Robustheit und Schnelligkeit der Island-

pferde. 1985 wurde die erste Stute in das Rheinische Pferdestammbuch eingetragen. 1994 wurde die Interessengemeinschaft und Förderverein für Aegidienbergerpferde gegründet. Die Geschäftsstelle ist auf dem Gangpferdezentrum Aegidienberg in Bad Honnef ansässig.

DEUTSCHES CLASSIC PONY

Steckbrief

Herkunft:	Deutschland
Zuchtverband:	der Deutschen Reiterlichen Vereinigung (FN) angeschlossene Verbände
Hauptzuchtgebiet:	Deutschland
Verbreitung:	Deutschland
Stockmaß:	1,03 bis 1,12 Meter
Farben:	alle, meistens Dunkelfüchse mit flachsfarbener Mähne
Zuchtziel:	modernes, elegantes und leistungsbereites Kleinpony mit edlem Kopf und Gangvermögen, dabei robust und genügsam
Temperament:	ausgeglichen, lernwillig
Verwendung:	Fahren, Freizeit, Reiten (Turnier und Show)
Besonderheiten:	Angestrebt wird ein Blutanteil der amerikanischen Shetlandlinie von mindestens 25 Prozent.
Kontakt:	**www.pferd-aktuell.de**

DER NEUE

Das Deutsche Classic Pony ist ein modern aufgemachtes Pony, das auf amerikanischen und englischen Shetlandlinien basiert. Zur eigenen deutschen Rasse wurde das ausdrucksstarke Pony im Zuge der Diskussionen um die Anerkennung der deutschen Shetlandzucht durch das britische Mutterstutbuch: Seit dem Jahr 2000 verweigerte die „Shetland Pony Stud Book Society" allen Shetlandponys mit amerikanischen Blutlinien die Rasseanerkennung. Die Einstufung als Deutsches Partbred Shetland Pony („Mischling") akzeptierten die deutschen Züchter nicht. Das Deutsche Classic Pony war geboren. Es ist damit – anders als sein Vorgängermodell, das Shetlandpony – eine deutsche Rasse, deren Zuchtrichtlinien von Deutschland bestimmt werden. Es stammt ab von den Ende des 19. Jahrhunderts in die USA importierten britischen Original-Shetlandponys. Das Deutsche Classic Pony entwickelte sich gegenüber dem Urtyp aber eleganter und gangveranlagter. Seit 1888 wird die Rasse in den USA als American Classic Shetland erfasst. 1891 erschien das erste britische Stutbuch. 1965 importierte der Shetlandponyzüchter Dieter Grober (Bad Gandersheim) den schwarzbraunen US-Champion *Jiggs*, der eine sportliche Shetlandponylinie prägte.

DEUTSCHES PARTBRED-SHETLANDPONY

DER MISCHLING

In der Diskussion um die Anerkennung der deutschen Shetlandponys durch das britische Mutterstammbuch entstand 2000 nicht nur die neue Rasse Deutsches Classic Pony, sondern auch das Deutsche Partbred-Shetlandpony. Ein Partbred, also ein Mischling, ist im Prinzip jedes Shetlandpony, das nicht dem englischen Shetlandponystandard in Farbe, Exterieur oder Abstammung entspricht – zum Beispiel Tigerschecken. Auf Schauen gibt es die Einteilung in „mini", „original" und „sportlich". Das Zuchtbuch ist offen für Ponys anderer Rassen, sofern deren Anpaarung dem Erreichen des Zuchtziels dient. Zugelassen sind Shetlandponys, Nederlands Mini Paarden, Nederlands Appaloosa Ponys bis 1,12 Meter und British Spotted Ponys bis 1,12 Meter. Im Jahr 2004 haben die regionalen, der Deutschen Reiterlichen Vereinigung (FN) angeschlossenen Züchtervereinigungen die Führung eines gemeinsamen Ursprungszuchtbuches vereinbart.

Steckbrief

Herkunft:	Deutschland
Zuchtverband:	der Deutschen Reiterlichen Vereinigung (FN) angeschlossene Verbände
Hauptzuchtgebiet:	Deutschland
Verbreitung:	Deutschland
Stockmaß:	bis 1,12 Meter
Farben:	alle
Zuchtziel:	kleines, genügsames Reit- und Fahrpony im Rechteckformat für Freizeit und Sport; besonders als Anfangspony für Kinder geeignet
Temperament:	ruhig, gutmütig, robust
Verwendung:	Kinderreit- und -fahrpony, Therapie
Besonderheiten:	Das Partbred ist ein Shetlandpony, das nicht dem original britischen Standard entspricht.
Kontakt:	www.pferd-aktuell.de

SHETLANDPONY

DAS EINSTEIGERPONY

Das Shetlandpony ist seit über 2000 Jahren auf den Shetland-inseln zu Hause, wo es wegen der kargen Futter- und rauen Lebensbedingungen zwergwüchsig blieb. Einfluss auf die Ent-wicklung des genügsamen Rasseschlages hatten keltische Ponys, die sich mit prähistorischen Tundrenponys paarten. Auch die von den Wikingern im 8. Jahrhundert mitgebrach-ten nordischen Ponys hinterließen ihre Spuren. 1890 legte die „Shetland Pony Stud-Book Society" das erste Stutbuch für das in seiner Heimat frei lebende, zugstarke Shetty an, das seit Mitte des 19. Jahrhunderts in den Gruben der Berg-werke eingesetzt wurde. Verändertes Klima und besseres Futter führten im Laufe der Zeit zu stärkerem Wachstum, so-dass der ursprünglich kleine Typ durch gezielte Selektion erhalten werden musste. In Deutschland wurde der Weg vom Wirtschafts- zum Freizeitpony ab 1966 gegangen. Das briti-sche Stutbuch wurde 1971 geschlossen. Deutschland ist seit 1999 vom britischen Mutterstammbuch anerkannt. Neben dem Originaltyp (bis 1,07 Meter) gibt es den Minityp (unter 0,87 Meter).

Steckbrief

Herkunft:	Hochland der Shetlandinseln nördlich von Schottland
Zuchtverband:	Shetland Pony Stud-Book Society, Schottland
Hauptzuchtgebiet:	Großbritannien
Verbreitung:	weltweit
Stockmaß:	bis 1,07 Meter
Farben:	alle außer Tigerschecken
Zuchtziel:	kleines, leichtfüßiges und robustes Pony im Rechteckformat mit dichter Mähne
Temperament:	selbstbewusst, eigensinnig, gutmütig, robust
Verwendung:	Fahren, Freizeitreiten, beliebtes Einsteigerpony für Kinder
Besonderheiten:	Shettys im Minityp gehören zu den kleinsten Pferden der Welt.
Kontakt:	www.shetlandponystudbooksociety.co.uk

NEW FOREST PONY

DER GE(N)MIXTE

Seit 1016 ist der New Forest in Hampshire die Heimat der Stammform der gelehrigen Rasse, die mit den Exmoor und Dartmoor Ponys gemeinsame Ahnen hat. Mitte des 18. Jahrhunderts wurde der Vollblüter *Marske*, rund 100 Jahre später der Araberhengst *Zorah* zur Veredelung eingekreuzt. Substanz und Härte gingen dadurch verloren, viele der zarteren Exemplare überlebten in der Wildnis nicht. Das „New Forest Stud Book" wurde ab 1899 als erstes Zuchtbuch geführt, um eine Vereinheitlichung zu fördern. 1891 gründete der Hippologe Lord Arthur Cecil die Vereinigung zur Verbesserung der Rasse. Er paarte Welsh-, Dartmoor-, Fell-, Polo-, schottische Rhum- und Highland-Hengste mit New-Forest-Stuten. Der Genmix bedingt das uneinheitliche Exterieur der Rasse. Heute wird in „Typ A" (großrahmiges Kleinpferd) und „Typ B" (kleinerer Ponytyp) unterschieden. Ab 1910 registrierte auch die „Burley and District New Forest Pony Breeding and Cattle Society" die Ponys im eigenen Stutbuch. Heute hat die „New Forest Pony Breeding & Cattle Society" die Regie über das Zuchtbuch. Seit 1930 ist kein Fremdblut mehr erlaubt.

Steckbrief

Herkunft:	der New Forest, Grafschaft Hampshire im Südwesten Englands
Zuchtverband:	New Forest Breeding & Cattle Society, Hampshire
Hauptzuchtgebiet:	Großbritannien, Holland
Verbreitung:	weltweit
Stockmaß:	kein Mindestmaß, meist 1,22 bis maximal 1,48 Meter
Farben:	alle außer Schecken und Cremellos (keine blauen Augen), Palominos nur als Stuten und Wallache
Zuchtziel:	Reitponytyp mit Substanz und freier Bewegung
Temperament:	leistungsfähig, robust, unkompliziert, zuverlässig, freundlich
Verwendung:	alle Disziplinen, Freizeit, auch Polo, für Kinder und Erwachsene
Besonderheiten:	Einige New Forests leben heute noch frei in ihrer Heimat.
Kontakt:	www.newforestpony.com

EXMOOR PONY

(Foto: Gabriele Kärcher)

DER URSPRÜNGLICHE

Die Heimat der Exmoor Ponys ist – wie beim New Forest und Dartmoor Pony – der Südwesten Englands, wo vor 1000 Jahren Mountain und Moor Ponys zu Hause waren, abstammend von den Pferden der Kelten. Die Herden zogen sich in die Gebiete Dartmoor, Exmoor und New Forest zurück. Sie waren extremem Klima sowie rauen Umweltbedingungen ausgesetzt. Ab dem 12. Jahrhundert wurde das Exmoor Pony als beliebtes Arbeitspferd gehandelt.

Bis heute leben die Ponys in ihrem Landstrich halbwild und frei. Einmal im Jahr werden sie zusammengetrieben, medizinisch betreut, die Fohlen gekennzeichnet und die Jährlingshengste aus der Herde genommen. Alle Versuche, die Rasse außerhalb der Region Exmoor zu züchten, führten zu einer Veränderung von Typ und Charakter. 1921 gründete sich die „Exmoor Pony Society". Das Stutbuch wurde 1963 geschlossen.

Das Exmoor Pony zählt zu den ursprünglichsten und vom Aussterben bedrohten Rassen. Es gilt als echtes Wildpferd, da es kein verwildertes Hauspferd ist, sondern sich ohne menschlichen Einfluss vermehrte.

Steckbrief

Herkunft:	*das Exmoor im Südwesten Englands*
Zuchtverband:	*Exmoor Pony Society*
Hauptzuchtgebiet:	*England*
Verbreitung:	*England, Europa, Nordamerika*
Stockmaß:	*1,20 bis 1,30 Meter*
Farben:	*alle Braun- und Schwarztöne, keine weißen Abzeichen*
Zuchtziel:	*möglichst urtümliches Pony, zäh, trittsicher, mit harten Hufen, breiter Stirn und spezieller Kieferbildung inklusive siebtem Mahlzahn*
Temperament:	*ausdauernd, klug, kinderfreundlich, eigenwillig*
Verwendung:	*Reit-, Spring- und Fahrpony, vor allem für Kinder, Jagd, therapeutisches Reiten*
Besonderheiten:	*Eine der seltensten, ursprünglichsten Ponyrassen; alle Exmoor Ponys haben ein helles Mehlmaul und einen hellen Bauch sowie einen aalstrichartigen dunklen Streifen auf dem Rücken.*
Kontakt:	*www.exmoorponysociety.org.uk www.exmoor-pony.de*

DARTMOOR PONY

Steckbrief

Herkunft:	Dartmoor im Südwesten Englands
Zuchtverband:	Dartmoor Pony Society
Hauptzuchtgebiet:	England
Verbreitung:	Europa, USA, Australien
Stockmaß:	1,16 bis 1,27 Meter
Farben:	überwiegend dunkel, keine Schecken, nur kleine Abzeichen erlaubt
Zuchtziel:	kompaktes Reitpony mit raumgreifenden Bewegungen und viel Qualität bei guter Schulter und vollem Langhaar
Temperament:	ausgeprägter Flucht- und Verteidigungsinstinkt, im Umgang dennoch ausgeglichen und gutmütig
Verwendung:	Kinderreit,- Jagd- und Springpony, Fahren, Landschaftsschutz
Besonderheiten:	gern zur Biotoppflege eingesetzt
Kontakt:	www.dartmoorponysociety.com

DER KLEINE MIT DEM GROSSEN HERZEN

Die rauen Bedingungen im Heidemoor des Dartmoor Forest in Devon und die natürliche Selektion sorgten bis Mitte des 19. Jahrhunderts für ein einheitliches Exterieur des leichten, flinken Dartmoor Ponys, das auf das britische Heidepony zurückgeht. Heute gibt es den stämmigeren Moorlandtyp und den leichteren Typ. Schon im 12. Jahrhundert wurde Fremdblut von orientalischen Hengsten eingekreuzt, später Vollblüter, Welsh, Fells, Exmoors, Packpferde sowie Hackneys. Erstmals erwähnt 1012, entdeckten Farmer und Minenarbeiter im 19. Jahrhundert die Eignung der frei lebenden, kräftigen Ponys als Trag- und Packpferde, zum Beispiel für den Transport von Wolle, Zinn und Granit aus dem Moor und im Kohleabbau. Um die Dartmoors für die Schwerstarbeit hart zu machen, wurden vor allem schwere Shetlandponyhengste eingekreuzt.

Dem wahllosen Anpaaren machte 1899 das Register für die reinrassige Zucht ein Ende. Die 1923 ins Leben gerufene „Dartmoor Society" kontrolliert den Zuchtstandard. Stark geprägt wurde die Rasse Anfang des 20. Jahrhunderts durch den arabischstämmigen Hengst *The Leat*. Der Zweite Weltkrieg tilgte fast den gesamten Bestand, das Dartmoor Pony gilt immer noch als gefährdete Rasse. Das Stutbuch wurde 1957 geschlossen.

HIGHLAND PONY

Steckbrief

Herkunft:	die Highlands und die Westküste Schottlands
Zuchtverband:	Highland Pony Society
Hauptzuchtgebiet:	Schottland
Verbreitung:	weltweit
Stockmaß:	1,32 bis 1,48 Meter
Farben:	am häufigsten Erdfarben (Gelb-, Maus- und Dunkelfalben), häufig Schimmel, kaum Füchse, einige mit Aalstrich und Zebramarkierung an den Vorderbeinen, keine Schecken, weiße Abzeichen nicht erwünscht
Zuchtziel:	ausdauerndes, genügsames und kompaktes Reitpony mit kräftiger Hinterhand und freien Bewegungen ohne übermäßige Aktion
Temperament:	menschenbezogen, ausgeglichen, anpassungsfähig, leistungsbereit
Verwendung:	alle Arten des Reitsports, auch Trekking, Wanderreiten, Lastentragen und -ziehen
Besonderheiten:	Das Highland Pony gilt als das stärkste und vielseitigste von rund einem Dutzend ursprünglich britischer Ponyrassen
Kontakt:	**www.highlandponysociety.com**
	www.highlandponies.de

DER BEGLEITER DER HIRSCHJÄGER

Das Highland Pony steht im Barocktyp. Es ist als Kombination des ursprünglichen nordischen Pferdes mit dem Keltenpony das größte und stärkste der Berg- und Moorlandponys Großbritanniens. Wahrscheinlich ist, dass es Einkreuzungen der Pferde der spanischen Eroberer im 16. Jahrhundert gab. Früher vorwiegend von Jägern und Landwirten als Reit- und Tragtier genutzt, entwickelte sich auf dem Festland der kräftige „Garron" (keltisch für Wallach).

Der Inseltyp ist kleiner und feingliedriger. Das britische Mutterstutbuch der 1889 gegründeten „Highland Pony Society", die seit 1923 Stutbuch und Partbred-Register führt, macht die Unterscheidungen nicht. Dort sind lediglich für Shows und Wettbewerbe zwei Größenklassen definiert. Patronin der Highland Pony Society ist die englische Königin, die eines der größten Highland-Pony-Gestüte unterhält. Sie lässt sie bei der Jagd als Tragtiere für die erlegten Hirsche einsetzen.

Das Highland Pony sicherte nicht nur im Frieden, sondern vor allem im Krieg das Überleben der Clans: Die beweglichen Reittiere der schottischen Kämpfer waren den schwer gepanzerten, englischen Rössern überlegen. Überlieferungen zufolge nahmen schottische Siedler heimische Ponys mit nach Island, womit das Highland Pony ein Ahn des Islandpferdes sein könnte. 1987 ist mit der Stute *Megan of Woodburn* der erste Import eines voll registrierten Tieres nach Deutschland verzeichnet.

Das charmante Highland Pony gilt als sehr menschenbezogen und ausgesprochen arbeitseifrig. Es ist mutig und zeichnet sich durch Gelassenheit aus. Daher eignen sich Vertreter dieser schicken Rasse für jede Sparte des modernen Reit- und Fahrsports und werden auch als Therapiepferde immer beliebter. Dank ihrer Leistungsfähigkeit und Größe sind sie für kleine ebenso wie für größere Reiter ideal.

HACKNEY

(Foto: Gabriele Kärcher)

DIE BALLERINEN

Das Hackney gibt es in den Ausgaben Pony (1,22 bis 1,42 Meter, auch „Zwerghackney"), und Pferd (bis 1,60 Meter). Beide haben den gleichen Ursprung. Die „Hackney Horse Society", die 1883 in Norwich gegründet wurde, führt die beiden Schläge in eigenen Zuchtbüchern. Im frühen Mittelalter verstand man unter „Hackney" ein Reit- und Kriegspferd, das auch bei der Jagd sehr geschätzt war. Es war um 1100 mit den Germanen nach England gekommen und wurde vor allem in der Grafschaft Norfolk gezüchtet („Norfolk Trotter"). Im frühen 17. Jahrhundert mischten Züchter das native Hackney-Blut mit importierten arabischen Hengsten, was die Rasse raffinierter machte, ohne die ursprünglichen Qualitäten zu verändern.

Stammväter sind die Hengste *Shales* und sein Sohn *Marshland Shales* (geboren 1802). Im 19. Jahrhundert wurden Hackneys in die ganze Welt exportiert, sogar nach Argentinien, Australien und Südafrika. In den Ersten Weltkrieg zogen sie als Artilleriepferde. Das Hackney Pony hat einen gewollt ausgeprägten Ponycharakter. Der Ponyrassebegründerhengst *Sir Georg* war nur 1,35 Meter groß. Der Züchter Christopher Wilson paarte ihn auf seinem Gestüt in Cumbria mit Fell-Pony-Stuten an und kreuzte Welsh-Mountain-Blut ein. Um

1880 war nach seinem Inzuchtprinzip eine robuste kleine Rasse mit spektakulären Gängen entstanden (Wilson Pony), die besonders in den USA viele Anhänger fand.

Steckbrief

Herkunft:	Region Cumbria, Nordwestengland
Zuchtverband:	Hackney Horse Society
Hauptzuchtgebiet:	Großbritannien
Verbreitung:	Großbritannien, Holland, USA, weltweit
Stockmaß:	1,22 bis 1,42 Meter (Pferde bis 1,60 Meter)
Farben:	vor allem Braune, Schwarzbraune und Rappen, oft viel Weiß an den Beinen
Zuchtziel:	elegantes, raffiniertes und robustes Pony mit hübschem Gesicht und aufwendiger Trabaktion, als Pferd elegant und leicht mit aufwendiger Trabaktion
Temperament:	feurig, furchtlos, schnell, ausdauernd
Verwendung:	Fahr- und Showpony beziehungsweise -pferd
Besonderheiten:	hohe, schwebende Trabaktion, geeignet vor allem zum Fahren (für Turnier und Show)
Kontakt:	**www.hackney-horse.org.uk**

FELL PONY

Steckbrief

Herkunft:	die Berge in der Region Cumbria, Nordengland
Zuchtverband:	Fell Pony Society
Hauptzuchtgebiet:	Nordwesten Englands
Verbreitung:	Europa, Amerika
Stockmaß:	1,30 bis 1,42 Meter
Farben:	Rappen, Schwarzbraune, Braune, selten Schimmel, keine Abzeichen (außer Stern und Kronenfleck)
Zuchtziel:	lebhaft, aufmerksam und von eisenharter Konstitution, mit den für Ponys typischen Charakteristika und der unverwechselbaren Erscheinung des Bergponys
Temperament:	ausgeglichen, ausdauernd
Verwendung:	Reiten, Fahren, Therapie
Besonderheiten:	Queen Elizabeth von England besitzt eine Fell-Pony-Zucht.
Kontakt:	**www.fellponysociety.org**

DAS BERGPONY
IM FRIESENTYP

Der leichtfüßige Nachfahre keltischer Ponys, des von den Römern um 100 n. Chr. ins Land geholten Friesen und des ausgestorbenen schottischen Galloway Ponys ist eng mit dem Dales Pony verwandt. Der friesische Einschlag ist unverkennbar. Der Name leitet sich ab von dem nordenglischen Ausdruck „fell" (Berghang), da das Herkunftsgebiet der Rasse eine Hügelkette der Penninen in der Grafschaft Cumbria ist. Jahrhundertelang wurde das moderne Gegenstück der untergegangenen Galloways von Farmern und Schafhirten eingesetzt. Mit der Industrialisierung erlangte es im 19. Jahrhundert Bedeutung als Pack-, Gruben- und ausdauerndes Fahrpony für Rennen und den Postdienst. 1918 schlossen sich englische Züchter zur „Fell Pony Society" zusammen, um das Aussterben der kräftigen, kompakten Rasse mit dem üppigen Langhaar zu verhindern. Die frühe Spur auf das europäische Festland ist schwer zu finden – *Marquis Ito*, ein 1914 geborener Enkel des ersten registrierten Fell-Hengstes *The Mikado*, wurde zur Zucht der Lehmkuhlener Ponys in Schleswig-Holstein eingesetzt.

DALES PONY

DAS KRAFTPAKET

Das Dales Pony und das Fell Pony stehen sich geografisch und historisch nahe. Seit 1916 sind sie getrennte Rassen. Das Dales Pony ist vor allem größer und schwerer, doch viele Pedigrees zeigen dieselben Ahnen. Die Dales dienten ursprünglich als Arbeitspferde der Bauern, als Tragtiere der Händler, im 18. Jahrhundert als Minenponys in den Blei- und Kohlegruben und im Armeedienst. Viele Rassen wie das inzwischen ausgestorbene schottische Galloway, das Hackney Pony, Welsh Cob sowie der Norfolk- und Yorkshire-Traber beeinflussten die Rasse. Die kräftigen Berg- und Heideponys haben einen schnellen und ausdauernden Trab mit beeindruckender Aktion. Im 19. Jahrhundert wurden Clydesdalehengste angepaart, der Dales wurde größer und schwerer. Ab 1916 setzte sich die „Dales Improvement Society" für die Reinzucht ein, zur Typerhaltung blieben Fell-Pony-Hengste zugelassen. Nach dem Zweiten Weltkrieg starben die Dales als Folge der Mechanisierung beinahe aus. 1964 wurde die Zuchtvereinigung unter dem Namen „Dales Pony Society" reorganisiert. Mangels hochwertiger Zuchttiere wurde nur ein Vorbuch geführt, das 1971 geschlossen wurde, als ein sehr guter Zuchtstandard erreicht war. 1982 wurde der erste Band des Stutbuchs aufgelegt. Die Rasse gilt als gefährdet.

Steckbrief

Herkunft:	*Hochtäler Dales', Nordengland*
Zuchtverband:	*Dales Pony Society*
Hauptzuchtgebiet:	*Täler von Nord-Yorkshire, Northumberland und Durham*
Verbreitung:	*England, USA, Kanada*
Stockmaß:	*1,42 bis 1,48 Meter*
Farben:	*Rappen, Braune, Dunkelbraune, vereinzelt Schimmel*
Zuchtziel:	*kräftiges, aktives, qualitätsvolles Pony mit viel Ausstrahlung*
Temperament:	*ehrlich, mutig, sensibel, arbeitsfreudig, ausdauernd*
Verwendung:	*Reiten, Vielseitigkeit, Trekking, Fahren*
Besonderheiten:	*Das Dales Pony ist außerhalb seines Zuchtgebietes kaum verbreitet*
Kontakt:	***www.dalespony.org***

Das Dales Pony ist ein echter Hingucker, trittsicher und aufgrund seiner Ausgeglichenheit auch für Kinder gut zum Reiten geeignet. Mit seinem schwarzen Fell und dem Kötenbehang erinnert es ähnlich wie das Fell Pony an den Friesen.

WELSH PONY UND WELSH COB

Welsh Mountain Pony (Sektion A)

bis 1,22 Meter, kleiner arabischer Kopf, konkaves Nasenprofil, kräftiges Fundament

Lebhaftes und gutmütiges Kinderpony mit unverkennbar orientalischem Einfluss. Es ist Basis für die unterschiedlichen Typen des Rasseschlages. Früher als Grubenpony eingesetzt, heute schickes Kinderreit- und Fahrpony. Der Hengst *Dyoll Starlight* begründete die Rasse und vererbte seine Schimmelfarbe.

Welsh Pony (Sektion B)

1,22 bis 1,37 Meter, edler Kopf, kräftiges Fundament, leicht geschwungener Rücken

Das qualitätsvolle Turnier- und Jagdpferd für Kinder ist ausdauernd, hart und zuverlässig. Es hat viel Antritt, Takt und Schub. Seit 1931 wird es im britischen Zuchtbuch als „Riding Pony" geführt. Es entwickelte sich durch Einkreuzung von Arabern, Berbern und Englischem Vollblut, wirkt wie ein kleines Pferd, hat aber ausgeprägte Welsh-Eigenschaften. Wichtige Linienbegründer sind *Merlin*, *Tanybwlch Berwyn* und *Criban Victor*.

DER ALLROUNDER

Die Welsh-Zucht ist die älteste geschichtlich belegte Ponyzucht der Britischen Inseln. Sie zählt weltweit zu den beliebtesten und bekanntesten Ponyschlägen. Unter dem Sammelbegriff „Welsh" werden vier Typen plus Partbreds zusammengefasst. Sie stammen alle ab von Ponys aus dem walisischen Hügelland, die dort bis zum letzten Jahrhundert noch zahlreich wild oder halbwild lebten. Die Entwicklung der Rasse begann vor gut 2000 Jahren, als sich heimische Moor- und Bergponys mit orientalisierten Keltenponys und eiszeitlichen Nordponys vermischten. Auch iberische und arabische Einflüsse – Araber, Berber, Turkmenen – beeinflussten die walisische Rasse, vor allem im Hochmittelalter. Dokumentiert ist der Einfluss eines kleinen Vollblüters namens *Merlin*, der Anfang des 18. Jahrhunderts in den Ruabon-

Bergen freigelassen wurde. Auch Hackneys wurden in der Zucht verwendet. Der Typ der Bergponys wurde so immer weiter verfeinert und von Bauern und Schafhirten als Reit-

Steckbrief

Herkunft:	*Fürstentum Wales im Westen Großbritanniens*
Zuchtverband:	*Welsh Pony and Cob Society*
Hauptzuchtgebiet:	*Großbritannien*
Verbreitung:	*weltweit*
Farben:	*alle, Schecken nur bei den Partbreds erlaubt*
Besonderheiten:	*Es gibt vier Sektionen plus Partbred – da ist für jeden Gebrauch und Geschmack etwas dabei*
Kontakt:	*www.wpcs.uk.com*

Welsh Pony of Cob Type (Sektion C)

bis 1,37 Meter, kompakt und muskulös

Vielseitiges Pony mit Welsh-Ausdruck, das als Reit-, Spring-, Jagd-, Trekking- und Fahrpony für Kinder und Erwachsene eingesetzt wird. Es ist entstanden aus der Kreuzung zwischen Welsh A (oder B) mit einem Welsh Cob.

Welsh Cob (Sektion D)

ab 1,37 Meter, keine Begrenzung nach oben, meist 1,42 bis 1,55 Meter, welsh-typischer, ausdrucksstarker Kopf, stämmig, umgänglich

Das Familienpferd zum Reiten und Fahren war im Mittelalter als „Welsh Cart Horse" und „Powys Horse" bekannt. Der Gewichtsträger wurde als Schlachtross, Kutsch- und Farmpferd verwendet und glänzt heute als echter Allrounder.

Welsh Partbred (Sektion PB)

ab 1,37 Meter, keine Begrenzung nach oben, Schecken erlaubt, Blutanteil von mindestens 12,5 Prozent aus einer der vier Welsh-Sektionen

Welsh Partbreds sind Kreuzungsprodukte aus Welsh Ponys mit anderen Rassen – vor allem mit Arabischem und Englischem Vollblut. Das moderne Reitpony ist ausgeglichen, leistungsbereit und eignet sich mit seinen raumgreifenden Bewegungen für den Reit- und Fahrsport. In Deutschland werden Welsh Partbreds von den Zuchtverbänden als Deutsches Reitpony registriert.

und Zugpferd eingesetzt. Ein Begründer der modernen Welsh-Pony-Zucht war der Schimmelhengst *Dyoll Starlight* (geboren 1894), der aufgrund seiner (Vererbungs-)Erfolge zu Lebzeiten eine Legende wurde und in vielen Pedigrees auftaucht. Ähnliches gilt für *Coed Coch Glyndwr* und seinen Sohn Medog.

1901 wurde die heute größte Züchtervereinigung Großbritanniens, die „Welsh Pony and Cob Society" gegründet, die ein Jahr später den ersten Band ihres Stutbuches mit den vier Sektionen A, B, C und D herausgab. Die Sektionen B, C und D gehen auf das ursprüngliche Welsh Mountain Pony (Sektion A zurück). Die Zuordnung gilt seit 1948 international. 1950 wurde das „Welsh Partbred Register" (PB) eingeführt, 1960 das Stutbuch geschlossen.

CONNEMARA PONY

DER ZEHNKÄMPFER

Das vielseitige, springbegabte Connemara ist Irlands einziges einheimisches Pony und wurde bereits im 14. Jahrhundert in Dokumenten erwähnt. Es wird in seiner Heimat Irland ganzjährig im Herdenverband im Freien gehalten. Wie viele andere Ponyrassen geht es auf die passgängigen Nachfahren keltischer Ponys des 5. Jahrhunderts vor Chr. zurück. Durch die Einkreuzung von iberischem und orientalischem Blut im Mittelalter, darunter Andalusier und Araber, seit den 1940er-Jahren auch Englischem Vollblut sowie Irish Draught wurden ein Spring- sowie ein Dressurtyp entwickelt. Geringen Einfluss hatten Berber- und Welshhengste. Während die robuste Genügsamkeit und der Sanftmut unter den Anpaarungen litt, sind Ausdauer und Vielfalt nicht verloren gegangen. 1923 gründete sich die „Connemara Pony Breeders Society", die seither bestrebt ist, eine Reinzucht zu führen. 1924 wurde ein Zuchtziel definiert und zwei Jahre später das Zuchtbuch verabschiedet. In den 1960er-Jahren kam das Connemara Pony nach Deutschland. 1963 wurde das Stutbuch geschlossen. Inzwischen werden die leistungsfähigen Connemaras in der englischen und irischen Reitponyzucht eingesetzt.

Steckbrief

Herkunft:	Grafschaft Galway, Connemara, im Westen Irlands
Zuchtverband:	Connemara Pony Breeders Society
Hauptzuchtgebiet:	Irland
Verbreitung:	weltweit
Stockmaß:	1,28 bis 1,48 Meter
Farben:	häufig Schimmel und Falben mit Aalstrich und dunklen Beinen, aber auch Rappen, Braune, Füchse und Palominos, keine Schecken
Zuchtziel:	kompakter, edler Reittyp auf kurzen Beinen im Langrechteckformat
Temperament:	ruhig, genügsam, ausdauernd, fügsam, trittsicher
Verwendung:	alle Sparten des Reitsports, auch Therapie, Voltigieren, Landwirtschaft
Besonderheiten:	die vielseitigsten der britischen Inselponys
Kontakt:	www.cpbs.ie www.connemara-pony.de

KERRY BOG PONY

DER WIEDERENTDECKTE

Das gefällige, kleine Kerry Bog Pony stammt aus den Moorgebieten der Grafschaft Kerry in Irland. Auf die Insel kamen die Vorfahren dieser zwischenzeitlich nahezu ausgestorbenen irischen Rasse wahrscheinlich durch Handelsbeziehungen der Kelten mit Spanien und Portugal. Ponys wurden in Irland zu Beginn des 18. Jahrhunderts als wichtige Pack- und Zugpferde auf den Farmen genutzt, sie transportierten vor allem Torf, Heu, Seetang und landwirtschaftliche Produkte durch das Moor und die steinigen Berge im Südwesten Irlands. Im Krieg gegen Napoleon (1804 bis 1814) kam das Kerry Bog Pony in der britischen Armee zum Einsatz, ein Jahrhundert später diente es im Ersten Weltkrieg. Die Rasse wurde dabei drastisch dezimiert, die Umstrukturierung des ländlichen Lebens und die Motorisierung taten ein Übriges. Nur wenige Exemplare überlebten, sich selbst überlassen, in den irischen Mooren und Bergen. Der Züchter John Mulvihill sicherte das Fortbestehen der Rasse: Er spürte 1987 einen Kerry-Bog-Hengst auf und stellte per DNA-Test dessen Rassezugehörigkeit sicher. Mit ihm begann er Anfang der 1990er-Jahre eine neue, systematische Zucht und baute ein Zuchtprogramm auf. 1995 wurde ein Zuchtverband in Irland gegründet („Kerry Bog Pony Society"), der heute „Kerry Bog

Pony Co-Operative Society" heißt. Das Stutbuch ist geschlossen, es wird in Reinzucht gezüchtet. Heute gibt es wieder einige Hundert Exemplare.

Steckbrief

Herkunft:	*Grafschaft Kerry, Irland*
Zuchtverband:	*The Kerry Bog Pony Co-Operative Society*
Hauptzuchtgebiet:	*Irland*
Verbreitung:	*Irland, USA, Spanien*
Stockmaß:	*1,02 bis 1,12 Meter*
Farben:	*alle, vor allem Braune und Füchse*
Zuchtziel:	*leicht konkave Kopfform, kräftiger, mittellanger Körper mit muskulösen Gliedmaßen*
Temperament:	*sensibel, gutmütig, menschenbezogen, mutig, ausdauernd*
Verwendung:	*Zug- und Reitpferd*
Besonderheiten:	*Die Kerry Bog Ponys waren Mitte des 20. Jahrhunderts fast ausgestorben, es gab weniger als 50 Tiere. Dank des Engagements des Züchters John Mulvihill wurde die Rasse wiederentdeckt.*
Kontakt:	*www.kerrybogpony.ie*

ISLANDPFERD

DAS PFERD AUS FEUER UND EIS

Vor 1000 Jahren kamen die ersten Pferde mit den Wikingern nach Island, dessen isolierte Lage eine Reinzucht begünstigte. Bis heute besteht ein Einfuhrverbot, in Zucht- und Sportprüfungen werden konsequenterweise nur reingezogene Tiere zugelassen. Das Klima auf der Feuerinsel am Polarkreis war rau, das Gelände unwegsam, der Bewuchs karg. Diese Bedingungen prägten eine selbstbewusste Rasse, die sich durch freundliche Genügsamkeit und Leistungswillen auszeichnet. Rassetypisch sind zwei genetisch fixierte zusätzliche Gangarten: der erschütterungsfreie Tölt und der zweitaktige Pass – eine Renngangart, die nicht alle Islandpferde anbieten. Die Farbvielfalt der Wikingerpferde mit dem üppigen Langhaar reicht von windfarben und erdbraun bis hin zu den Fahlrappen und Farbwechslern. Diese tragen im Winter ein anderes Kleid als im Sommer, weil die helleren Wollhaare von den farbigen Deckhaaren überlagert werden. In den 1950er-Jahren kamen die ersten Islandpferde nach Deutschland. Heute leben hier 60.000 Pferde und weltweit außerhalb Islands 100.000. Unter dem Dach der International Federation of Icelandic Horse Associations (FEIF) sind Islandpferdevereine aus 18 Ländern organisiert. In Deutschland ist seit 1967 der Islandpferdereiter- und züchterverband die Dachorganisation der Rassefreunde. Das Ursprungszuchtbuch des Islandpferdes heißt „WorldFengur". Es ist ein Datenbankprogramm im Internet, das den Zugang zu

Informationen über Islandpferde ermöglicht, die in den FEIF-Mitgliedsländern gehalten werden.

Steckbrief

Herkunft:	Island
Zuchtverband:	International Federation of Icelandic Horse Associations (FEIF)
Hauptzuchtgebiet:	Island, Deutschland
Verbreitung:	Island, Deutschland, Europa, USA
Stockmaß:	1,23 bis 1,48 Meter
Farben:	alle außer Tigerschecken, einige mit Aalstrich, auch Farbwechsler
Zuchtziel:	Erhalt der rassetypischen Eigenschaften in Exterieur, Charakter und Gangverteilung, größter Wert wird auf Rittigkeit, Gangverteilung – insbesondere Tölt und Rennpass – sowie Temperament und Charakter gelegt
Temperament:	gutmütig, ausdauernd, menschenbezogen
Verwendung:	Sport- und Freizeitpferd, Fahren
Besonderheiten:	Mit Spezialbeschlag tölten Islandpferde sogar auf Eis.
Kontakt:	www.feif.org
	www.worldfengur.com
	www.ipzv.de
	www.ipvch.ch

NORWEGISCHES FJORDPFERD

DER TREUE BEGLEITER

Das Fjordpferd, auch als Norweger oder Vestlandhest bezeichnet, stammt von den Wikingerpferden ab und geht – wie das Islandpferd – auf das Germanenpony zurück. Die Ähnlichkeit mit den Przewalskipferden lässt gemeinsame Vorfahren vermuten. Von den norwegischen Bergbauern wurde das tüchtige Fjordpferd als Last- und Zugtier sowie in der Landwirtschaft eingesetzt. Mitte des 19. Jahrhunderts gab es Versuche, den kleinen Typ (1,30 Meter) durch Einkreuzungen norwegischer Dölepferde, eine Kaltblutrasse, kalibriger zu machen. Das scheiterte, denn die rassetypischen Charakteristika wie Umgänglichkeit und Anspruchslosigkeit gingen verloren. Man kehrte 1871 zur Reinzucht zurück.

Als Begründer der Rasse gelten: *Øyarblakken*, *Hakon Jarl* und *Bergfast*. Ponys mit silbergrauem Fell gehen auf den Karbadiner-Sohn *Gudbrand* zurück. Ab 1886 wurden nur noch reinrassige Pferde zur Weiterzucht zugelassen, Verbesserungen einzig durch Selektion erreicht. In Deutschland setzte sich das Fjordpferd ab den 1940er-Jahren durch, ab den 1960ern wurde das Pony im Zuge der Mechanisierung zurückgedrängt. Durch erneute Selektion (wieder schlugen einige Anpaarungsversuche fehl) wurde der schwere Wirtschaftstyp zum leichteren Reitpony umgezüchtet. Der Zuchtverband „Norges Fjordhestlag" führt das Zuchtbuch.

Steckbrief

Herkunft:	*die westlichen Distrikte Norwegens („Vestland")*
Zuchtverband:	*Norges Fjordhestlag*
Hauptzuchtgebiet:	*Norwegen*
Verbreitung:	*Norwegen, Europa, USA*
Stockmaß:	*1,38 bis 1,48 Meter*
Farben:	*Braun-, Rot-, Grau-, Weiß- und Gelbfalben mit Wildzeichnung, weiße Abzeichen sind nicht erwünscht*
Zuchtziel:	*vielseitiges robustes Reitpony mit energischen Grundgangarten und längerem, geschmeidigem Hals, leistungsbereit, dem Originaltyp entsprechend*
Temperament:	*unkompliziert und umgänglich, aber manchmal eigensinnig*
Verwendung:	*Reiten und Fahren, vor allem Freizeit, Therapie*
Besonderheiten:	*Modisches Attribut ist die zweifarbige Stehmähne.*
Kontakt:	***www.fjordhest.no***

GOTLAND PONY

DAS WALDROSS

In seiner Heimat Schweden auch „skogruss" (Waldross) oder „skogsbagge" (Waldbock) genannt, lebt das Gotland Pony seit circa 5000 Jahren im Waldgebiet der Lojsta-Heide auf der Ostseeinsel Gotland. Es ist wahrscheinlich, aber nicht bewiesen, dass es vom Tarpan abstammt. Ab dem 13. Jahrhundert wurde das Gotland Pony domestiziert, später als Arbeitspferd eingesetzt. Wer ein Pony benötigte, fing es aus der im Wald lebenden Herde. Mitte des 19. Jahrhunderts wurden viele Exemplare oft als Minenponys aufs europäische Festland verkauft. In ihrer Heimat wichen Waldflächen der Ackerwirtschaft, der Lebensraum wurde eingeschränkt. Da die Ponys beim Weiden oft Flurschaden anrichteten, waren sie nicht überall wohlgelitten. Eingekreuzt wurden Livländer, Klepper sowie im 20. Jahrhundert Orientalen und Araber. Bedeutender Vererber wurde der 1880 geborene *Olle*, Nachkomme einer Gotlandstute und eines syrischen Ponyhengstes. Anfang des 20. Jahrhunderts war die Rasse nahezu ausgestorben. Farmer setzten sich mit Unterstützung der Gotländischen Landwirtschaftskammer dafür ein, die Ponys zu erhalten, 1954 bildete sich die Vereinigung der Freunde des Waldrosses. Im Lojsta-Forst wurde ein Schutzraum errichtet. Seit 1943 gibt es ein Stutbuch.

Steckbrief

Herkunft:	*Insel Gotland/Schweden*
Zuchtverband:	*Svenska Russavelsföreningen*
Hauptzuchtgebiet:	*Schweden*
Verbreitung:	*Schweden, Dänemark, Finnland, Amerika*
Stockmaß:	*1,10 bis 1,30 Meter*
Farben:	*alle Grundfarben, auch Falben und Isabellen, keine Albinos, Rotschimmel*
Zuchtziel:	*mittelgroßes Pony des nordeuropäischen Typs mit viel Ponyausdruck, mit breiter Stirn, großen Augen und kleinen Ohren, langer, weicher Rücken, kurze, abgeschlagene Kruppe mit tiefem Schweifansatz und guter Bemuskelung, feines, hartes Fundament*
Temperament:	*agil, geduldig, anspruchslos, umgänglich, ausdauernd*
Verwendung:	*vor allem Fahren (Trabrennen), Kinderpony*
Besonderheiten:	*ältestes in seiner Urform erhaltenes Pony Skandinaviens*
Kontakt:	*www.gotlandsruss.se*

HAFLINGER

Steckbrief

Herkunft:	Hafling bei Meran/Südtirol (Italien)
Zuchtverband:	Haflingerpferdezuchtverband Tirol, Südtiroler Haflinger Pferdezuchtverband
Hauptzuchtgebiet:	Nord- und Südtirol, Deutschland
Verbreitung:	weltweit
Stockmaß:	1,40 bis 1,50 Meter
Farben:	Fuchsfarben vom Licht- bis Kohlfuchs mit hellem Langhaar
Zuchtziel:	elegantes, harmonisches, universell einsetzbares Freizeitpferd mit korrektem, leistungsfähigem Körperbau
Temperament:	charakterstark, gutmütig, aufgeweckt, genügsam, leistungsbereit
Verwendung:	Reit- und Fahrzwecke, auch Western, Dressur, Springen, Wanderreiten, Distanz, Jagd sowie Wirtschaftspferd
Besonderheiten:	Seit den 1960er-Jahren gibt es (in Deutschland) Einkreuzungen von Arabern, seit 2004 wird ein eigenes Zuchtbuch für diese Edelbluthaflinger geführt.
Kontakt:	www.haflinger-tirol.com www.haflinger.it www.haflinger-suedtirol.it www.haflingerpferde.eu

DER BOTSCHAFTER

Gründerhengst des blondschopfigen Pferdeschlags ist der 1874 geborene *Folie*, ein Sohn des Araberhengstes *El Bedavi XXII.* und einer arabisch veredelten Südtiroler Landstute. 1877, das Jahr von *Folies* erstem Deckeinsatz in den Südtiroler Alpen, wird als Geburtsstunde des Haflingers bezeichnet. Die organisierte Haflingerzucht begann, als 1920 das erste Zuchtbuch aufgesetzt wurde und sich 1921 die erste Nordtiroler Haflinger Pferdezuchtgenossenschaft gründete. Noch heute lässt sich die weltweite Haflingerpopulation auf die ersten sieben Blutlinien zurückführen, die nach den Anfangsbuchstaben der Hengstnamen mit A, B, M, N, S, St und W bezeichnet werden.

Nach dem Ersten Weltkrieg wurde das geschlossene Zuchtgebiet politisch geteilt: Südtirol wurde italienisch, Nordtirol fiel an Österreich. Der „Hafi" erlebte eine Typwandlung vom stämmigen Berg- zum sportlichen Freizeitpferd.

In Deutschland breitete er sich ab den 1930er-Jahren aus. Sowohl Österreich als auch Italien haben der Europäischen Kommission einen Zuchtverband gemeldet, der das Ursprungszuchtbuch der Rasse führt. Ferner gibt es den Europäischen Haflinger Verband. Seit den 1960er-Jahren gibt es Einkreuzungen von Arabern, die nicht im Sinne der Haflinger Ursprungszuchtbücher sind und zum Edelbluthaflinger führten. Für sie wird in deutschen Zuchtverbänden seit 2004 ein gemeinsames Ursprungszuchtbuch geführt. Außerhalb Deutschlands ist die Arabereinkreuzung verpönt. Der Edelbluthaflinger hat einen arabischen Blutanteil von etwa 1,57 bis 25 Prozent.

CAMARGUE-PFERD

DAS PFERD DER STIERHIRTEN

In ihrer Heimat werden die geschickten Camargue-Pferde seit Jahrhunderten als Pferde der Viehhirten zum Hüten der Kampfstiere eingesetzt. Die robusten Schimmel zeichnen sich durch Stehvermögen aus und haben ihre Ursprünge im heute ausgestorbenen Solutré-Pferd. Ab dem 19. Jahrhundert wurde in den Rasseschlag „Camarguais" Arabisches Vollblut eingekreuzt. Dadurch sollten die kleinen Pferde für den Einsatz in der Kavallerie größer und rittiger werden.

Im 20. Jahrhundert kam es zu einer Rückbesinnung auf alte Werte: Die 1968 gegründete Züchtervereinigung des Camarguepferdes führte im „Stud-Book du Camargue" die Reinzucht ein. 1972 wurde das Nationalgestüt Uzés und 1978 das offizielle Stutbuch eröffnet, in dem die Rasse als „Race du Cheval Camargue" geführt wird. Seit 1990 ist das Zuchtbuch geschlossen. Mittlerweile ist das kompakte Camargue-Pferd, das traditionell halbwild im Herdenverband lebt, von Fremdblut nahezu frei. 1976 gründete sich der Verein der Freunde und Züchter des Camargue-Pferdes in Deutschland. Er führt ein eigenes Zuchtbuchregister, das seit 1998 geschlossen ist.

Steckbrief

Herkunft:	Delta der Rhone, Frankreich
Zuchtverband:	Association des Eleveurs de Chevaux de Race Camargue
Hauptzuchtgebiet:	Frankreich
Verbreitung:	Frankreich, Deutschland, Belgien, Großbritannien, Italien
Stockmaß:	1,35 bis 1,45 Meter
Farben:	Schimmel
Zuchtziel:	kompakter, wendiger und nervenstarker Schimmel mit kurzem Hals und kantigem Kopf; kann härtestes Klima und lange Märsche durchstehen
Temperament:	mutig, clever, ausgeprägter „cow sense", bewegungsfreudig
Verwendung:	Wander- und Distanzreiten, Western, Freizeit, Fahren, Arbeitspferd der Stierhirten im Rhonedelta
Besonderheiten:	Die Camargues sind die einzigen Pferde, die unter Wasser fressen können.
Kontakt:	www.terre-equestre.com/cheval-camargue www.vfzcd.de

MÉRENS PONY

Steckbrief

Herkunft:	Department Ariège, Südfrankreich
Zuchtverband:	Association Française Hippique d'Elevage de la Race Pyrénéenne Ariègoise dite Mérens
Hauptzuchtgebiet:	Frankreich, Italien, Niederlande
Verbreitung:	Europa, Afrika
Stockmaß:	1,35 bis 1,47 Meter
Farbe:	Rappen, weiße Abzeichen sind nicht gern gesehen
Zuchtziel:	rustikales Kleinpferd mit edler Erscheinung und hervorragendem Charakter, problemlos im Umgang
Temperament:	bedächtig, ausgeglichen, robust, ausdauernd, gutmütig, zuverlässig, leistungsbereit
Verwendung:	alle Formen des Freizeitreitens, Pack- und Zugpferd, Fahren
Besonderheiten:	Die Stuten sind geschätzte Milchproduzenten.
Kontakt:	www.chevaldemerens.com

KLETTERN WIE EINE BERGZIEGE ...

... kann das Mérens Pony aus dem südfranzösischen Department Ariège in den Pyrenäen. Ihren Namen haben die schwarzen trittsicheren Ponys, die schon Julius Caesar geschätzt haben soll, von dem kleinen südfranzösischen Dorf Mérens-les-Vals. Mit vollem Namen heißen sie „Poney Ariègegois de Mérens". Rund 17.000 Jahre alte Höhlenmalereien in den Pyrenäen zeigen prähistorische Zeichnungen von einem massigen Urpony, das Ähnlichkeit mit dem Mérens aufweist. Rund 2000 Jahre haben die Mérens abgeschlossen an den Berghängen der Pyrenäen gelebt, was die Entstehung eines einheitlichen Rassetyps begünstigte. Der edle kleine Kopf deutet darauf hin, dass einige von den Spaniern im 8. Jahrhundert ins Land gebrachte Araber einen Weg in die Berge gefunden haben. Von Mai bis Oktober leben die früheren Arbeitspferde der Gebirgsbauern, die durch die kargen und harten Lebensbedingungen geprägt wurden, frei auf den Hochgebirgsweiden. Im Herbst werden sie ins Tal getrieben, die Junghengste abgesetzt und die zu verkaufenden Pferde von der Herde getrennt. Anfang des 20. Jahrhunderts gab es erste Bemühungen, den Bestand der Rasse zu sichern.

1947 eröffnete die 1933 gegründete „Association Française d'Elevage de la Race Pyrénéenne Ariègoise dite Mérens" ein Stutbuch. Die Zucht wird vom Staatsgestüt in Tarbes kontrolliert. Nach dem Zweiten Weltkrieg gab es nur noch wenige Exemplare, die Folgen der Motorisierung bedeuteten in den 1960er-Jahren beinahe zum zweiten Mal das Aus. Inzwischen gibt es wieder einige Tausend Exemplare.

HUZULE

DER BERGSTEIGER

Der Huzule ist ein trittsicherer Bergsteiger, wird erstmals 1603 erwähnt, stammt von den nordöstlichen Hängen des karpatischen Waldgebirges Huzulei und ist das früher halbwild lebende Arbeitspferd der polnischen Bergbauern. Es gibt drei Typen: Tarpan-Huzul, Bystrzec-Huzul und Przewalsky-Huzul. Der Huzule geht auf die russischen Steppentarpane und die Bergtarpane der östlichen Karpaten zurück. Im 18. Jahrhundert interessierte sich das Militär für die harte Rasse. Ende des 19. Jahrhunderts wurde vergeblich versucht, die Pferde durch die Einkreuzung von Arabern und Vollblütern zu verbessern – die robuste Naturbeschaffenheit ging verloren. Nach dem Ersten Weltkrieg fielen die Gestüte in Österreich-Ungarn an Rumänien und Polen, die ungarische Zucht löste sich auf. 1924 wurde in der Huzulei ein Stutbuch eröffnet, um die Reinzucht zu fördern. Seit den 1960er-Jahren wird der Molid – Kreuzung aus Huzule und Kaltblut – als schwererer Typ für die Landbevölkerung im Gestüt Luczyna im heutigen Rumänien gezüchtet. 1994 wurde die internationale Dachorganisation „Hucul International Federation" gegründet, um die stark gefährdete Rasse durch internationale Zusammenarbeit zu erhalten.

Steckbrief

Herkunft:	Huzulei in den Ostkarpaten
Zuchtverband:	Polnischer Pferdezuchtverband
Hauptzuchtgebiet:	Rumänien, Slowakei
Verbreitung:	Polen, Rumänien, Slowakei, Österreich, Ungarn, Ukraine, Tschechien, Schweiz, Deutschland
Stockmaß:	1,36 bis 1,42 Meter
Farben:	vor allem Braune, Rappen, Schecken, Falben, häufig mit Wildzeichnung
Zuchtziel:	vorzügliches, robustes Gebirgspony mit tadelloser Rückenlinie und kräftig entwickelter Hinterhand, sichere, raumgreifende Gänge
Temperament:	anspruchslos, zugfest, langlebig
Verwendung:	Freizeit, Trekking, Fahren, Trag- und Zugpferd, Therapie, Show
Besonderheiten:	Während des Ersten Weltkrieges wurden die Huzulen-Zuchtpferde des Gestüts Luczyna (heute Rumänien) nach Niederösterreich evakuiert und nach dem Zerfall der K.-K.-Monarchie auf die Nachfolgestaaten aufgeteilt.
Kontakt:	www.huzulenpferd.eu

DAS KLEINE PFERD

Die polnische Primitivrasse geht auf das Ende des 19. Jahrhunderts ausgestorbene europäische Wildpferd, den Tarpan, zurück. Im Mittelalter wurde der wild lebende Konik gefangen, gezähmt und mit orientalischem sowie arabischem Blut veredelt. Das Ergebnis war ein genügsames, schnelles Gebrauchspferd. Von polnischen Bauern jahrhundertelang zur Feldarbeit eingesetzt, leisteten die „kleinen Pferdchen", so die Übersetzung der Rassebezeichnung, auch vor dem Wagen und als Reitpferd gute Dienste. Zu Beginn des 20. Jahrhunderts gab es größere, wild lebende Herden und einen reinrassigen Bestand im Tierpark Zamo. 1936 wurde im Urwald von Bialowieze ein Wildreservat eingerichtet, um die Rasse mithilfe konsequenter Selektion und Rückzüchtung zu konsolidieren. Nach dem Zweiten Weltkrieg wurde das Projekt im masurischen Popielno fortgesetzt. 1965 wurde bei Warschau ein weiteres Gestüt gegründet; von dort werden Pferde verkauft und Hengste an Landeszuchten abgegeben. In der Dülmenerzucht werden Koniks zur Genpoolerweiterung eingesetzt. Bei der Rückzüchtung des Tarpans sind die Gene des Konik von großer Bedeutung.

Steckbrief

Herkunft:	Polen, Weißrussland
Zuchtverband:	Polski Zwiacek Howdowkow Koni
Hauptzuchtgebiet:	Polen
Verbreitung:	Osteuropa, Deutschland
Stockmaß:	1,30 bis 1,45 Meter
Farben:	überwiegend Graufalben mit Wildzeichnung, weiße Abzeichen sind bei Zuchtpferden unerwünscht
Zuchtziel:	im Wildtyp stehendes mittelschweres, gedrungenes Pony mit kurzem Hals, Aalstrich und Zebrastreifen an den Beinen
Temperament:	anspruchslos, langlebig, fruchtbar, gesund, hart, leistungsfreudig
Verwendung:	Freizeitpferde für Wanderreiten, Gespannfahren, Reittherapie, Landschaftspflege
Besonderheiten:	Koniks galten in Polen bis zum Jahr 1798 als jagdbares Wild.
Kontakt:	elzbieta.martyniuk@minrol.gov.pl

AUSTRALISCHES PONY

DER ABKÖMMLING DES WELSH PONYS

Von britischen Einwanderern wurden ab 1803 Ponys und Pferde nach Australien mitgebracht, darunter Welsh und Highland Ponys sowie Vollblüter aus England und außerdem Timor-, Batak- und Manipur-Ponys aus Südostasien. Stammvater der neuen Ponyrasse wurde der Welsh-Mountain-Hengst *Grey Light*. In den Genen des Australischen Ponys sind vor allem Welsh-Mountain-, Shetland- und Hackney-Pony-Anteile sowie Araber und Vollblüter verankert.

Entstanden ist ein kompaktes, edles Reitpony vor allem für Kinder und leichte, kleine erwachsene Reiter, mit guten Bewegungen und hervorragendem Springvermögen. Das Australische Pony lässt deutlich seinen Welsh-Ursprung erkennen und erinnert stark an das British Riding Pony. Um 1920 war die neue Rasse konsolidiert, 1929 wurde die „Australian Pony Stud Book Society", im Jahr 1931 dann ein Stutbuch gegründet. 1975 kam das „Australian Riding Pony Stud Book" hinzu.

Steckbrief

Herkunft:	*Australien*
Zuchtverband:	*Australian Pony Stud Book Society*
Hauptzuchtgebiet:	*Australien*
Verbreitung:	*Australien*
Stockmaß:	*1,20 bis 1,40 Meter*
Farben:	*alle außer Schecken*
Zuchtziel:	*qualitätsvolles, edles und aufmerksames Sportpony mit gutem Fundament und elastischen, nicht exaltierten Bewegungen, edler Kopf*
Temperament:	*clever, leistungsbereit, ausdauernd*
Verwendung:	*springbegabtes Kinderreitpony*
Besonderheiten:	*Das Australische Pony ist keine 100 Jahre alt und Australiens einzige auf dem Kontinent entwickelte Ponyrasse.*
Kontakt:	***www.apsb.asn.au***

MARWARI

(Foto: www.princesstrails.com)

Steckbrief

Herkunft:	Jodhpur, Indien
Zuchtverband:	Indigenous Horse Society
Hauptzuchtgebiet:	Indien
Verbreitung:	Republik Indien, vor allem das Gebiet Rajasthan-Marwar
Stockmaß:	1,45 bis 1,65 Meter
Farben:	alle (im Gegensatz zu seinem engen Verwandten Kathiawari auch Rappen), häufig Plattenschecken
Zuchtziel:	arabisch geprägtes, hochbeiniges Pferd mit charakteristisch gebogenen Ohren, edlem Kopf und geradem Profil, hoch angesetzter, eleganter Hals und hoch getragener Schweif
Temperament:	treu, mutig, umgänglich, zäh, zuverlässig
Verwendung:	ursprünglich Kriegs-, heute vielseitig einsetzbares Reitpferd, auch für Armee, Polizei, Rennen und Polo, beliebt für Touristentrails
Besonderheiten:	sichelförmige Ohren, die um 180 Grad gedreht werden können; kreuzt man allerdings ein Marwari mit einem Pferd anderer Rasse, verliert sich dieses Merkmal
Kontakt:	www.horseindian.com

STOLZ WIE EIN PFAU

Auch das Marwari verdankt seinen Namen seiner Heimat: Marwar, eine Region im indischen Bundesstaat Rajasthan, Westindien. Das Marwari, das wir heute kennen, ist ein Urahn der hervorragenden Kriegspferde, das außerdem reichen indischen Familien zu den Feudalzeiten der heutigen Republik diente. Es ist eng mit der Geschichte des Landes verwoben. Die mutigen, für ihre Treue bekannten Pferde mit den auffällig gebogenen Ohren leben seit jeher unter extremen Bedingungen in den Steinwüsten Nordwestindiens.

Die Vorfahren des Marwari stammen aus Zentralasien, eine deutliche Ähnlichkeit mit heimischen Pferden aus Turkmenistan (Achal-Tekkiner und Karabaier) ist vorhanden. Orientalische Rassen wie Araber und Persische Araber, die islamische Invasoren im 8. Jahrhundert mit ins Land brachten, beeinflussten den Schlag zusätzlich. Die traditionellen Herrscher Marwars, die Rathoren, begannen Ende des 12. Jahrhunderts die konsequente Zucht eines schnellen, harten, ein-

satzbereiten, dabei aber edlen Wüstenpferdes, das sowohl extremer Hitze als auch Kälte trotzen konnte. Das Marwari entstand. Jahrhundertelang, bis zum Ersten Weltkrieg, absolvierten die treuen, zähen Pferde mit den Säbelohren Kriegsdienst. In der anglo indischen Kavallerie führten sie zuletzt den siegreichen Vormarsch auf Haifa an. Danach nahm ihre Zahl ab.

Spätestens mit der erlangten Unabhängigkeit Indiens im Jahr 1947 schien das Schicksal der Marwaris besiegelt, da sie als Symbol des verhassten Feudalismus galten. Tausende wurden kastriert und als Arbeitspferde in die Dörfer gegeben. Die Zucht wurde vernachlässigt und die Pferde in alle Winde zerstreut. Auch aufgrund ihrer Eignung als Distanz- und Trailpferde werden sie heute wieder vermehrt gezüchtet und gelten inzwischen sogar als zu schützendes Kulturgut. Das elegante Marwari zeigt oft einen natürlichen Passgang, genannt Revaal.

BASUTO PONY

(Foto: Edition Boiselle)

VON DER REGIERUNG GESCHÜTZT

Die ersten Pferde nicht exakt bestimmter Herkunft kamen 1653 nach Südafrika, sie wurden eingeführt von der Holländisch-Ostindischen Handelsgesellschaft. Womöglich waren es Araber und Perser, die als Basis dienten für das Kap-Pferd, das durch vermehrte Vollblut- und arabische Einschläge im Laufe der Zeit größer und edler wurde. Vor allem durch kriegerische Auseinandersetzungen gelangte es nach Lesotho (früher: Basutoland), wo sich im kargen Hochland und durch Kreuzungen mit dort lebenden Ponys das robuste Basuto Pony herausbildete. Ende des 19. Jahrhunderts war es in ganz Südafrika verbreitet und aufgrund seiner Trittsicherheit und anspruchslosen Vielseitigkeit geschätzt. Tausende Ponys wurden exportiert, in den Burenkriegen Ende des 19. Jahrhunderts wurden die besten Tiere getötet. Um 1940 waren die Basutos beinahe ausgestorben. Die südafrikanische Regierung unterstützt seither die Erhaltung der Rasse. Ein nationales Zuchtprogramm wurde 1951 in der „Nooitgedachter Forschungsstation" bei Ermelo in Südafrika aufgestellt.

Araber, Connemaras und Englische Vollblüter wurden zum Wiederaufbau eingesetzt, der ursprüngliche Typ des Basuto Ponys konnte erhalten werden. 1967 wurde die „Nooitgedacht Breeders' Association" gegründet.

Steckbrief

Herkunft:	Lesotho, Südafrika
Zuchtverband:	Nooitgedacht Breeders' Association
Hauptzuchtgebiet:	Lesotho, Südafrika
Verbreitung:	Südafrika
Stockmaß:	1,40 bis 1,50 Meter
Farben:	meist Schimmel, Braune und Füchse
Zuchtziel:	mittelgroßes, anspruchsloses Pony mit starkem orientalischen Einschlag, trockenem Kopf und geradem Profil, langer Hals, stark ausgebildete Vorhand und kräftiger Rumpf bei tragstarkem Rücken und kurzen, stämmigen Beinen
Temperament:	mutig, schnell, unverwüstlich, ergeizig, ausgeglichen
Verwendung:	Reit-, Jagd- und Polopony, besonders geeignet für Distanzritte, Rennen
Besonderheiten:	Das um 1940 beinahe ausgestorbene Basuto Pony zeigt einen Tölt, der Trippel genannt wird.
Kontakt:	**www.sa-breeders.co.za/org/nooitgedachter**

KALTBLÜTER

Kaltblutpferde sind zunächst mal eines: schwer. Die „XXL"-Kandidaten waren vor allem für das Ziehen schwerer Fuhrwerke und landwirtschaftlicher Geräte gezüchtet worden – daher die Bezeichnung „Zugpferde". Durch die Motorisierung und Industrialisierung im 20. Jahrhundert verloren die Muskelprotze sozusagen ihren Job: Die gutmütigen Kolosse, die nicht selten um die 1000 Kilogramm wiegen, wurden von Maschinen ersetzt – viele Kaltblutrassen waren und sind daher vom Aussterben bedroht. Heute sind die Bestände zum Teil wieder etwas gesundet.

Natürlich haben Kaltblüter keine geringere Körpertemperatur als andere Pferde. Sie liegt wie bei jedem gesunden Pferd und Pony bei circa 37,5 Grad. Allerdings sind Kaltblüter von ihrem Gemüt her nicht „heiß", sondern eher „cool". Daher werden sie auch „Schrittpferde" genannt, obwohl die gutmütigen Riesen natürlich einen herzhaften Galopp hinlegen können. Im Mittelalter trugen die frühreifen, robusten und arbeitswilligen Pferde oft unermüdlich die Ritter in ihren schweren Rüstungen. Heute sieht man sie meist nur noch zu Werbezwecken vor dem Brauerei- oder Milchwagen oder in Traditionsanspannung.

Ihre Blütezeit erlebten die Kaltblüter vom 18. bis zum Beginn des 20. Jahrhunderts, als sie sich in der Land- und Forstwirtschaft als Transportmittel oder beim Bäumerücken bewährten. Heute werden die kalibrigen Pferde in manchen Ländern, zum Beispiel in Frankreich, in der Schweiz, in Dänemark und in Österreich, auch für die Schlachtung gezüchtet – was ihren Bestand sichert, während viele reine Zug- und Arbeitsrassen von der Europäischen Union als „gefährdet" eingestuft werden. Das Kulturgut ist inzwischen auch umgänglicher Freizeitpartner und Therapiepferd geworden.

SÜDDEUTSCHES KALTBLUT

DAS ALPENLANDPFERD

Die Rassebezeichnung „Süddeutsches Kaltblut" existiert seit 1948. Das großrahmige, mittelschwere und leichtfuttrige frühere Arbeitspferd wird seit Ende des 19. Jahrhunderts mit Unterstützung des Staatsgestüts Schwaiganger rein gezüchtet. Heute wird es gern als (Freizeit-)Kutschpferd eingesetzt. Hervorgegangen ist es aus Kreuzungen der schweren römischen Pferde mit den kleinen heimischen Landstuten der Germanen. Daraus entwickelten sich die Pferde des Alpenlandes, der Oberländer und der Pinzgauer (heute Noriker genannt). Angepaart wurden Anfang des 19. Jahrhunderts in einer mehr oder weniger gelenkten Zucht Englische und Arabische Vollblüter, Norfolks, Holsteiner, Belgier und Clydesdales. 1906 wurde das Stutbuch eingerichtet, seit 1920 gibt es das Edelweiß als Brandzeichen.

Die bewegungsstarken Süddeutschen Kaltblüter variieren mittlerweile enorm im Gewicht: Sie wiegen zwischen 600 und 900 Kilogramm. Im Jahr 2007 waren 2100 Stuten eingetragen. Das Zuchtbuch über den Ursprung der Rasse mit den raumgreifenden Bewegungen führt der Landesverband der Bayerischen Pferdezüchter.

Steckbrief

Herkunft:	Bayern (Deutschland), Österreich
Zuchtverband:	Landesverband Bayerischer Pferdezüchter
Hauptzuchtgebiet:	Bayern, Deutschland
Verbreitung:	Bayern, Baden-Württemberg
Stockmaß:	1,60 bis 1,64 Meter
Farben:	meist Füchse und Braune
Zuchtziel:	schweres, großrahmiges, gut bemuskeltes Zug- und Wirtschaftspferd mit langer, breiter und gespaltener Kruppe bei korrekt gestelltem und trockenem Fundament mit harten Hufen und raumgreifenden Gängen
Temperament:	umgänglich, zugstark, ausdauernd, zuverlässig, hart, ausgeglichen
Verwendung:	Freizeit- und Kutschpferd, Land- und Forstwirtschaft, Brauereipferd
Besonderheiten:	Das größte geschlossene Kaltblutzuchtgebiet in Deutschland gibt es in Bayern.
Kontakt:	**www.bayerns-pferde.de**

RHEINISCH-DEUTSCHES KALTBLUT

Steckbrief

Herkunft:	Rheinland, Deutschland
Zuchtverband:	seit 2004 Betreuung über der Deutschen Reiterlichen Vereinigung (FN) angeschlossene Verbände
Hauptzuchtgebiet:	Rheinland, Deutschland
Verbreitung:	Deutschland, vor allem Nordrhein-Westfalen, Sachsen, Thüringen
Stockmaß:	1,58 bis 1,65 Meter
Farben:	Füchse, Braune, Rapp-, Braun- und Fuchsschimmel
Zuchtziel:	mittelschweres bis schweres Kaltblut mit muskulösem, harmonischem Körper, trockenem Gesichtsausdruck und raumgreifenden Gängen
Temperament:	ausdauernd, arbeitswillig, gutmütig, lebhaft
Verwendung:	Forst und Freizeit mit Planwagen- und Ausflugsfahrten, vereinzelt auch wieder in der Landwirtschaft
Besonderheiten:	Das Rheinisch-Deutsche Kaltblut gilt als die „Keimzelle" der deutschen Kaltblutzucht.
Kontakt:	**www.pferdezucht-rheinland.de**

STARKE KNOCHEN UND FREIE BEWEGUNGEN

Das Rheinisch-Deutsche Kaltblut war vor dem Zweiten Weltkrieg die am weitesten verbreitete Kaltblutrasse im deutschsprachigen Raum – heute ist es eine gefährdete Haustierrasse. Die Geburtsstunde datiert Mitte des 19. Jahrhunderts im Rheinland: Aus Hengsten schwerer Zugpferderassen benachbarter europäischen Länder, die vor allem im Landgestüt Wickrath aufgestellt wurden, sollten arbeitswillige, mittelschwere bis schwere Zugpferde geschaffen werden. Da die einheitliche Linie fehlte, blieb der Erfolg aus. Entscheidende Impulse kamen durch die Gründung des Belgischen Stutbuchs 1885 und durch die Gründung des Rheinischen Pferdestammbuchs 1892. Zuchtziel war „ein kräftiges, gut gebautes, tiefes Pferd kaltblütigen Schlages mit starken Knochen und freien Bewegungen" auf Basis der Belgier. Das Rheinland wurde zur Keimzelle der deutschen Kaltblutzucht, der Rasseschlag breitete sich bis nach Ostpreußen aus.

Der Zweite Weltkrieg brachte einen Einbruch: Nach der technischen Revolution wurde das Arbeitspferd überflüssig. Obwohl die Rasse Ende der 1970er-Jahre eine Renaissance erlebte, sind die Bestandszahlen rückläufig. Zum Rheinisch-Deutschen Kaltblut gehören auch das Mecklenburger, das Sächsisch-Thüringische sowie das Rheinisch-Westfälische Kaltblut.

SCHWARZWÄLDER FUCHS

Steckbrief

Herkunft:	Hochschwarzwald (St. Märgen), Deutschland
Zuchtverband:	Pferdezuchtverband Baden-Württemberg
Hauptzuchtgebiet:	Baden-Württemberg, Deutschland
Verbreitung:	Deutschland, Kanada, USA
Stockmaß:	ab 1,48 Meter, Stuten bis 1,56 Meter, Hengste bis 1,60 Meter
Farben:	meist Fuchs bis Dunkelfuchs mit hellem Langhaar, selten Braune, vereinzelt Schimmel und Rappen
Zuchtziel:	nicht zu schweres Kaltblutpferd mit raumgreifendem Gang als Fuchs bis Dunkelfuchs mit hellem Behang
Temperament:	gutmütig, nervenstark, menschenbezogen, gelehrig
Verwendung:	Freizeit-, Therapie- und Fahrpferd
Besonderheiten:	leichtes und robustes Kaltblut mit auffälliger Farbgebung, das auch gern als Reitpferd eingesetzt wird
Kontakt:	www.pzv-bw.de www.schwarzwaelder-pferde.de

DER FESCHE BLONDE

Der Schwarzwälder Fuchs, kurz SWF, zählt mit seinen rund 680 Kilogramm Gewicht zu den „leichten" Kaltblutpferden. In ihm vereinen sich die rassetypischen Merkmale des Kaltblutschlages wie Ruhe, Kraft und Ausgeglichenheit mit raumgreifendem Gangwerk und Leistungswillen, der sich im süddeutschen Raum auch auf Reitturnieren zeigt. Zurück geht der SWF auf das Wälderpferd der Schwarzwälder Bauern, die kräftige, zugfeste Pferde brauchten, die im Forst beim Holzrücken trittsicher waren.

Prägend für die Rasse waren der karge Boden und das raue Klima ihrer Heimat. Unter dem Einfluss der klösterlichen Maierhöfe wie St. Märgen und St. Blasien entwickelte sich im 18. Jahrhundert ein robustes, untersetztes, leistungswilliges Kaltblutpferd mit markantem Gesicht. Als Zuchtziel wird der Dunkelfuchs mit weißem Langhaar bevorzugt. Auch Noriker und Ardenner wurden eingekreuzt. 1880 wurde der erste Körschein ausgestellt, 1896 die Schwarzwälder Pferdegenossenschaft mit Sitz in St. Märgen gegründet. Dort ist noch heute die Hochburg der SWF-Zucht. Das Zuchtbuch ist seit 1990 geschlossen.

SCHLESWIGER KALTBLUT

DER WENDIGE IN XXL

Der Schleswiger steht auf der Liste der bedrohten Haustierrassen. Hervorgegangen ist das solide, fleißige Arbeitspferd von mittlerem Kaliber Ende des 19. Jahrhunderts unter starkem Einfluss des Jütländers aus verschiedenen Nutzpferderassen. Der Schleswiger wurde Anfang des 20. Jahrhunderts vor allem für den Einsatz in der Land- und Holzwirtschaft gezüchtet, taugte aufgrund seiner Härte auch hervorragend als Zugpferd für pferdebespannte Omnibusse und als Brauereipferd. Begründer der Rasse ist *Oppenheim*, ein Shire oder Suffolk, der 1862 nach Dänemark importiert und bis 1869 in der Zucht eingesetzt worden war. Seit 1930 sind nahezu alle Schleswiger auf seinen Nachkommen *Munkedal* zurückzuführen. Der Verband der Schleswiger Pferdezuchtvereine (VSP) entstand 1891. Mitte des 20. Jahrhunderts zählte der Bestand gut 25.000 Stuten und 450 Hengste. Dann kam, mit der fortschreitenden Industrialisierung, der Einbruch: 1976 war mit 35 eingetragenen Stuten und fünf Hengsten ein Negativrekord erreicht, der Zuchtverband löste sich auf. Seither wird die Rasse vom Pferdestammbuch Schleswig-Holstein/Hamburg betreut. 1991 gründete sich der Verein Schleswiger Pferdezüchter.

Steckbrief

Herkunft:	*Schleswig-Holstein, Deutschland*
Zuchtverband:	*Pferdestammbuch Schleswig-Holstein/Hamburg*
Hauptzuchtgebiet:	*Schleswig-Holstein, Deutschland*
Verbreitung:	*Schleswig-Holstein und Niedersachsen, Deutschland*
Stockmaß:	*1,54 bis 1,62 Meter*
Farben:	*Fuchsfarbe dominiert, vereinzelt Rappen, Schimmel, Braune*
Zuchtziel:	*leistungsfähiges, rundrippiges Kaltblutpferd mittleren Rahmens mit raumgreifenden Schritt- und Trabbewegungen, kräftigen Gliedmaßen und starken Gelenken, mäßiger Kötenbehang, kurzer kräftiger Rücken, breite Stirn, gerades Profil*
Temperament:	*lernwillig, umgänglich, wendig, ausdauernd, genügsam*
Verwendung:	*Wagen und Freizeit, Landwirtschaft, Holzrücken*
Besonderheiten:	*Seit 1888 haben die Schleswiger Kaltblutpferde einen eigenen Brand mit den Buchstaben VSP auf dem linken Hinterschenkel.*
Kontakt:	***www.pferdestammbuch-sh.de***

PFALZ-ARDENNER KALTBLUT

DER BEDROHTE

Von der relativ jungen Rasse „Pfalz-Ardenner Kaltblut", dessen Ursprungszuchtbuch der Pferdezuchtverband Rheinland-Pfalz-Saar führt, gab es 2007 nur noch drei reinrassige Stuten – der leichte Kaltblüter steht kurz vor dem Aussterben. 90 Prozent der heute in Rheinland-Pfalz-Saar lebenden Kaltblüter stammt aus deutschen und französischen Zuchten, die keine ursprünglichen Blutlinien haben. Im 19. Jahrhundert, als überall in Deutschland in der Landwirtschaft und Industrie schwere Arbeitspferde benötigt wurden, stellten Privathengsthalter Ardenner aus Lothringen sowie Percherons, Belgier und Luxemburger als Beschäler auf. 1896 wurde die erste pfälzische Kaltblutgenossenschaft in der Südpfalz gegründet. 1906 eröffnete der Pferdezuchtverein Pfalz ein Stutbuch für den Rheinisch-Deutschen Kaltblüter. Im Zweiten Weltkrieg kamen aus dem angrenzenden Lothringen heimische Kaltblutstuten, die Ardenner, in die Pfalz. Das Landgestüt Zweibrücken stellte Ardennerhengste auf – der Grundstein für die neue Rasse war gelegt. Mit der Motorisierung nach dem Zweiten Weltkrieg brach der Bestand zusammen, ab 1971 gab es im Landgestüt Zweibrücken keinen Vererber der Rasse mehr. Der letzte Beschäler mit Pfalz-Ardenner-Abstammung war der Hengst *Tango*.

Steckbrief

Herkunft:	Pfalz und Saarland (Deutschland), Ardennen (Frankreich)
Zuchtverband:	Pferdezuchtverband Rheinland-Pfalz-Saar
Hauptzuchtgebiet:	Rheinland-Pfalz, Deutschland
Verbreitung:	Rheinland-Pfalz, Deutschland
Stockmaß:	1,52 bis 1,62 Meter
Farben:	Füchse, Braune, Rappen, Schimmel
Zuchtziel:	vielseitig verwendbares, bodenständiges Arbeitspferd für Land- und Forstwirtschaft, Freizeit, mit energischem, schwungvollem Trab und raumgreifendem Schritt, wenig Behang
Temperament:	unkompliziert, ruhig, arbeitswillig
Verwendung:	Freizeit, Arbeitspferd für Land- und Forstwirtschaft
Besonderheiten:	Es gibt nur noch vereinzelte Exemplare.
Kontakt:	**www.pferdezucht-rps.de**

SHIRE HORSE

DIE SANFTEN RIESEN

Die Shire Horses sind mit ihrem Stockmaß von bis zu zwei Metern und mehr sowie einem Gewicht von bis zu 1200 Kilogramm und ihren tellergroßen Hufen die Riesen unter den Pferden. Das imposante Kaltblut besticht durch seine dennoch elegante Erscheinung bei freundlichem Charakter. Die Ausrüstung „XXL" muss vom Hufeisen bis zur Trense meist extra angefertigt werden.

Der „Gentle Giant" hat keinen so üppig bemuskelten Körperbau wie viele kontinentale Kaltblutrassen und wurde bereits im Mittelalter als „Equus magnus" (großes Pferd) erwähnt. Als wendiges, starkes Ross wurde es von den Rittern, später auf dem Feld und im Fuhrbetrieb eingesetzt. Besonders bei Brauereien kommen die robusten, arbeitswilligen Riesen zum Einsatz. Sie ziehen das bis zu Fünffache ihres Eigengewichts! Im Zuge der Motorisierung wurden die Shires von Maschinen verdrängt. Die 1878 gegründete „Shire Horse Society" mit Sitz in Peterborough bemüht sich effektiv um den Erhalt der Rasse. Der Shire ist zäh und leichtfuttrig. Sein freundliches Wesen macht ihn zum verlässlichen Partner im Freizeit- und Therapiebereich.

Steckbrief

Herkunft:	Mittelengland, Shires der Midlands (Leicestershire, Warwickshire, Northhamptonshire, Lincolnshire)
Zuchtverband:	Shire Horse Society
Hauptzuchtgebiet:	Großbritannien, Deutschland
Verbreitung:	Großbritannien, Europa, Nord- und Südamerika, Übersee
Stockmaß:	mindestens 1,63 Meter (Stuten) beziehungsweise 1,68 Meter (Hengste), im Schnitt 1,78 Meter
Farben:	Braune, Rappen, selten Schimmel, bei Hengsten keine stichelhaarigen („roan"), keine großen weißen Flecken am Körper und keine Füchse
Zuchtziel:	bewegungsfreudiges, mutiges und kräftiges Arbeitspferd im imposanten Stockmaß, das im Freizeitbereich eingesetzt werden kann
Temperament:	gutmütig, ruhig, gelassen, ehrlich
Verwendung:	Freizeit, Fahr- und Wagenpferd, Therapiepferd
Besonderheiten:	größte und schwerste Pferderasse der Welt
Kontakt:	**www.shire-horse.org.uk** **www.shire-horse-germany.de**

SUFFOLK PUNCH

DIE ÄLTESTE KALTBLUTRASSE ENGLANDS ...

... ist das Suffolk Punch, früher „Old Horse" genannt. Pferde dieser Rasse sind üppig bemuskelte, gedrungene Füchse, die einen Teil ihres Namens ihrer auffällig kompakten Statur mit den kurzen Beinen zu verdanken haben (= Punch). Ihre Zuchtheimat ist die Grafschaft Suffolk im Südosten Englands. Erstmalig erwähnt werden die schweren Füchse mit den Warmblutpoints 1506. Sie entstanden aus einheimischen Stuten und normannischen, flämischen sowie dänischen Hengsten. Alle heute lebenden Exemplare lassen sich auf den Goldfuchshengst *Crisp's Horse of Ufford* (geboren 1768) zurückführen.

1877 wurde die „Suffolk Stud Book Association" gegründet, heute heißt sie „Suffolk Horse Society". Ende der 1960er-Jahre drohte die Rasse auszusterben, 1966 wurden nur neun Fohlen registriert. Seither versuchen eine Handvoll Züchter, die Rasse in ihrer alten Heimat am Leben zu erhalten. Im Jahr 2007 wurden bereits wieder 34 reinrassige Suffolk-Fohlen geboren.

Steckbrief

Herkunft:	Grafschaft Suffolk, Großbritannien
Zuchtverband:	Suffolk Horse Society
Hauptzuchtgebiet:	Großbritannien
Verbreitung:	Großbritannien, Mitteleuropa, Amerika
Stockmaß:	meist zwischen 1,60 bis 1,65 Meter
Farben:	Füchse in sieben verschiedenen Schattierungen ohne weiße Abzeichen (außer Stern)
Zuchtziel:	kompakter, gefälliger Kaltblüter mit breiter Stirn, tiefem Nacken, kurzem, gebogenem, kräftigem Hals, massiver Schulter und Brust, kurzen klaren Beinen, wenig Behang
Temperament:	ausgeglichen, robust, leistungswillig, gelehrig, fügsam
Verwendung:	Zug- und Arbeitspferd, Sport- und Gebrauchspferdezucht
Besonderheiten:	erfolgreich in der Jagdpferdezucht eingesetzt
Kontakt:	www.suffolkhorsesociety.org.uk

CLYDESDALE

(Foto: Magdalena Strakova)

DIE FLOTTEN SCHOTTEN

Das schicke Arbeitspferd entstand um 1720 im Tal des Flusses Clyde in der schottischen Grafschaft Lanarkshire durch den Import von Hengsten aus Flandern, die den heimischen Schlag verbessern sollten. Seit 1826 wird die Rassebezeichnung „Clydesdale" verwendet. Shire Horses prägten die Rasse nachhaltig, machten sie größer und gaben ihre weißen Stiefel weiter. Im Gegenzug befruchtete das Clydesdale die Shires. Ebenso wurde der Cleveland Bay eingesetzt. Als Schlachtross und Arbeitspferd wurde der Clydesdale ab Mitte des 19. bis Mitte des 20. Jahrhunderts zu Hunderten nach England, Australien, Neuseeland, Amerika, ins damalige Russland, nach Italien und Österreich exportiert. Mit der Industrialisierung nach dem Zweiten Weltkrieg wurde der schottische Kaltblüter als Arbeitspferd von Maschinen ersetzt. Der Bestand verringerte sich drastisch, ist heute als gefährdet eingestuft, erholt sich seit den 1990er-Jahren aber etwas. 1877 wurde die „Clydesdale Horse Society" gegründet, kurz darauf erschien das erste Stutbuch.

Steckbrief

Herkunft:	Clyde Valley, Schottland
Zuchtverband:	Clydesdale Horse Society
Hauptzuchtgebiet:	Großbritannien, Irland
Verbreitung:	weltweit
Stockmaß:	1,60 bis 1,75 Meter
Farben:	alle, häufig Sabinoschecken, meist mit vier weißen Stiefeln und einer Laterne oder breiten Blesse, Füchse unerwünscht
Zuchtziel:	bis etwa 1000 Kilogramm schwerer großrahmiger Kaltblüter mit ausdrucksvollem, feinem Kopf, starkem Hals und Rücken sowie kräftigem Fundament mit großen Hufen und üppiger Fesselbehaarung
Temperament:	arbeits- und lernwillig, eifrig, sanft, menschenbezogen
Verwendung:	Arbeits-, Zug- und Showpferd
Besonderheiten:	In den USA hat die Brauerei Anheuser-Busch dazu beigetragen, die Clydesdales bekannt zu machen: Das ansehnliche Kaltblut dient im wahrsten Sinne des Wortes als „Zugpferd".
Kontakt:	**www.clydesdalehorsesociety.com**

COMTOIS

Steckbrief

Herkunft:	Franche Comté (Freigrafschaft Burgund), Frankreich
Zuchtverband:	Association Nationale du Cheval de Trait Comtois
Hauptzuchtgebiet:	Besançon, Frankreich
Verbreitung:	Frankreich
Stockmaß:	1,50 bis 1,65 Meter
Farben:	meist Füchse und Braune
Zuchtziel:	quadratischer, markanter Kopf, gut aufgesetzter bemuskelter Hals, betonter Widerrist, schräge Schulter, breite Brust, kurzer kräftiger Rücken, muskulöse, abfallende, gespaltene Kruppe, tief angesetzter Schweif, kurze, kräftige Beine, klare Sehnen, prägnante Gelenke, üppiges helles Langhaar
Temperament:	arbeitsfreudig, lebhaft, genügsam, gehorsam
Verwendung:	Zugpferd vor allem an Hanglagen, Forst und Weinbau, Fleischgewinnung
Besonderheiten:	Der Comtois ist trotz seiner Größe elegant und beweglich und wird immer noch gern als Arbeitspferd eingesetzt.
Kontakt:	**www.chevalcomtois.com**

DER WEINBAUER

Wie die meisten seiner französischen Artgenossen wird der Comtois heute zur Fleischgewinnung genutzt, kommt aber außerdem noch gern in der Forstwirtschaft und im Weinbau zum Einsatz. Die Spuren des frühreifen, beweglichen Kaltbluts lassen sich bis mindestens ins 6. Jahrhundert verfolgen, als die Burgunder zu Zeiten der Völkerwanderung mit schweren germanischen Pferden gen Westen zogen und sie mit regionalen Arbeitspferden kreuzten. Als Schlachtross machte sich der Comtois im Mittelalter verdient. Percherons, Anglonormannen und Bretonen wurden im 19. Jahrhundert in die Zucht eingebracht. Ardennerhengste festigten im 20. Jahrhundert die Rasse. 1919 wurde ein Zuchtbuch aufgelegt, seit 1925 gilt die Reinzucht. Zuchtmittelpunkt ist das Staatsgestüt „Haras National de Besançon" in Frankreich.

Der Comtois ist an der Entstehung der Schweizer Freiberger beteiligt.

VON KLEINEM, MITTLEREM UND GROSSEM TYP

Der Bretone ist in Frankreich eine der am weitesten verbreiteten Kaltblutrassen. Seine Urahnen wurden von den Kelten geritten. Er kommt in drei Varianten vor: zunächst als „Petit Trait Breton" (kleiner Bretone), der aus dem Zentralgebirge stammt. Er ist um 1,52 Meter groß, wiegt rund 700 Kilogramm und wird als Zugpferd eingesetzt. Die mittlere Ausgabe, der „Postier Breton" (bretonisches Postpferd), ist bis 1,60 Meter groß, wiegt 700 bis 900 Kilogramm und diente früher wegen seines schwungvollen Trabs als Postkutschenpferd. Das stattlichste Exemplar ist der „Trait Betron" (bretonisches Zugpferd). Er bringt bei 1,60 Metern Stockmaß bis zu 950 Kilogramm auf die Waage. Bis zum ausgehenden Mittelalter gab es nur den kleinen und den schweren Typ. Beide entstanden auf der Basis orientalischer Pferde, die mit den einheimischen Landpferden gekreuzt wurden. Boulogner, Ardenner und Percherons komplettierten die Rasse. Durch sehr erfolgreiche Anpaarungen mit dem Norfolk Trotter entstand Ende des 19. Jahrhunderts das Postpferd. Es machte die Rasse auch in Übersee bekannt. Seit 1909 gibt es ein Zuchtbuch, seit 1930 wird die Reinzucht der Rasse betrieben.

Steckbrief

Herkunft:	Bretagne, Frankreich
Zuchtverband:	Syndicat des éleveurs du Cheval Breton
Hauptzuchtgebiet:	Bretagne mit den Staatsgestüten Hennebont und Lamballe
Verbreitung:	Frankreich, Europa, Übersee (Amerika, Japan)
Stockmaß:	1,52 bis 1,60 Meter
Farben:	Rotfüchse und Falben, seltener Braun- und Rotschimmel
Zuchtziel:	mittelgroßer, kompakter Kaltblüter im Rechteckformat mit leichtem Ramskopf, kurzem, kräftigem Hals, muskulösem Körper bei deutlicher Spaltkruppe auf stabilem Fundament
Temperament:	robust, arbeitswillig
Verwendung:	Wirtschafts- und Zugpferd, auch als Mastpferd (Fleischlieferant)
Besonderheiten:	Unterscheidung in die drei Schläge „kleiner Bretone", „bretonisches Postpferd" und „bretonisches Zugpferd"
Kontakt:	**www.cheval-breton.fr**

PERCHERON

Steckbrief

Herkunft:	*Le Perche, Frankreich*
Zuchtverband:	*Société Hippique Percheronne de France*
Hauptzuchtgebiet:	*Südfrankreich*
Verbreitung:	*Frankreich, Großbritannien, Nord- und Südamerika, Südafrika, Australien, Japan*
Stockmaß:	*1,55 bis 1,72 Meter*
Farben:	*Schimmel und Rappen, selten Füchse und Braune*
Zuchtziel:	*elegante, kraftvolle Erscheinung mit guter Knochenstärke, tiefem, geschlossenem Rumpf, mit kurzem, muskulösem Rücken, natürlich gespaltener Kruppe, trockenen Beinen mit vorzüglichen Sehnen und Gelenken und großen, harten Hufen, kaum Fesselbehang*
Temperament:	*geduldig, zuverlässig, willensstark, lebhaft, energisch*
Verwendung:	*Zug-, Arbeits-, Show-, Mastpferd*
Besonderheiten:	*Als größtes Pferd aller Zeiten gilt der US-amerikanische Hengst Dr. Le Gear (geboren 1830): 2,13 Meter Stockmaß und 1372 Kilogramm schwer.*
Kontakt:	**www.percheron-france.org**

DER „VERGRÖSSERTE ARABER"

Der starke Franzose mit dem ausdrucksvollen Gesicht ist ein Idealbild des Kaltblutpferdes. In seiner Heimat Frankreich dient der Koloss vor allem der Fleischgewinnung, was den Rassefortbestand sichert. Als massiges Arbeits- und Zugpferd ist er kaum noch gefragt. Der Ursprung der Rasse ist im 8. Jahrhundert in der Perche, einer Region in der Normandie, zu finden. Damals erbeuteten die Mauren orientalische Hengste von nordafrikanischen Kriegsfeinden. Diese und die von Robert von Rotrou, Graf von Le Perche, von seinem Kreuzzug 1096 bis 1099 mitgebrachten arabischen Pferde wurden mit heimischen Landstuten gepaart. Berber, Spanier, Bretonen und Boulounais ergänzten den Genpool dieses schweren, als Kavalleriepferd geschätzten Kaltblutes. Der Araber *Gallipoli* und der Berber *Godolphin Barb* beziehungsweise sein 1830 geborener Sohn *Le-Blanc* gelten als Stempelhengste. 1833 wurde ein Zuchtbuch begonnen, seit 1966 werden alle Zuchtzweige – von leicht bis schwer – eingetragen. 1883 wurde die „Société Hippique Percheronne de France" gegründet. Anfang des 19. Jahrhunderts war der warmblütig geprägte Traber, der Postier-Percheron, am verbreitetsten. Mitte des Jahrhunderts wich er dem schweren Zugpferd. In den USA wird der wuchtige Riese, der 1839 seinen Weg in die Neue Welt fand, immer beliebter. Eine leichte Version wird für Dressur und Springen eingesetzt.

JÜTLÄNDER

Steckbrief

Herkunft:	Halbinsel Jütland, Dänemark
Zuchtverband:	Avlsforeningen Den Jydske Hest
Hauptzuchtgebiet:	Jütland, Dänemark
Verbreitung:	Skandinavien, Norddeutschland
Stockmaß:	1,55 bis 1,62 Meter
Farben:	häufig Füchse mit hellem Langhaar, selten Schimmel und Rotschimmel
Zuchtziel:	kräftiges, schweres Arbeitspferd im zweckbetonten Typ, mit gut geformtem Hals, muskulöser Schulter, breitem Rücken und massivem, korrektem Fundament
Temperament:	gutmütig, ausdauernd, leistungsfähig,
Verwendung:	Arbeitspferd für Land- und Forstwirtschaft, Brauerei- und Schlachtpferd
Besonderheiten:	Jütländer waren von 1928 bis 2002 Zugpferde der Dänischen Carlsberg-Brauerei.
Kontakt:	**www.denjydskehest.dk**

DIE AHNEN
DES OPPENHEIM LXII.

Im 12. Jahrhundert wurde die bodenständige dänische Kaltblutrasse, die auf das schwere Pferd der nordeuropäischen Niederungen zurückgeht und die der Halbinsel Jütland ihren Namen verdankt, erstmals schriftlich erwähnt. Damals wurde der Jütländer als Streitross eingesetzt, weil er kräftig genug war, die Ritter mit ihren schweren Rüstungen über weite Strecken zu tragen. Seit dem 16. Jahrhundert wurde er vor allem als Arbeitspferd eingesetzt. Im 18. und 19. Jahrhundert wurden Frederiksborger, Yorkshire Roadster, Clevelands, später Clydesdales und Suffolks eingekreuzt. Stammvater der Rasse ist der englische Kaltblutfuchshengst *Oppenheim LXII.*, der 1860 importiert wurde. Er war entweder Shire oder, wahrscheinlicher, Suffolk Punch. Sein Nachkomme *Oldrup Munkedal* begründete eine bedeutende Zuchtlinie. Im 20. Jahrhundert wurden Ardenner zur Blutauffrischung eingesetzt. Der Jütländer ist eng mit dem Schleswiger Kaltblut verwandt, das ebenfalls auf *Oppenheim* zurückgeht; Anfang des 18. Jahrhunderts hatten Jütland und Schleswig-Holstein gemeinsam versucht, ein solides, fleißiges Arbeitspferd zu züchten. 1887 wurde der bäuerliche Zuchtverband auf Jütland gegründet.

NORDSCHWEDISCHES PFERD
(NORDSCHWEDISCHER TRABER)

(Foto: Anneke Bosse)

DER EINZIGE KALTBLUTTRABER DER WELT

Zuchtmittelpunkt und Basis für das Nordschwedische Pferd ist das Staatsgestüt Wangen im Jämtland in Nordschweden. Zuchtursprung sind einheimische skandinavische Landschläge, die beeinflusst wurden vom Dölepferd aus dem benachbarten Norwegen. Auch wurden Dölepferde immer wieder in die Rasse eingekreuzt. Im

19. Jahrhundert wurde mit der Einkreuzung von Clydesdales und Belgiern erfolglos versucht, dem zugkräftigen, wendigen Rasseschlag mehr Masse und Größe zu geben. Der Tierarzt Wilhelm Hallander hingegen setzte zur Rasseverbesserung seit 1895 auf die Reinzucht. 1900 wurde ein Stutbuch gegründet, drei Jahre später das Staatsgestüt Wangen. Dort wird bis heute die Zucht auf Basis strenger Selektion und Leistungsprüfung betrieben. Seit 1924 wird neben dem Gebrauchstyp, der noch immer als zuverlässiges Arbeitspferd im Wald eingesetzt wird, ein auf Trableistung selektierter Schlag, der Nordschwedische Traber, geführt. Er geht auf einen kleineren Landschlag sowie auf Traber zurück und ist die einzige Kaltbluttraberrasse der Welt.

Steckbrief

Herkunft:	Schweden
Zuchtverband:	Föreningen Nordsvenska Hästen
Hauptzuchtgebiet:	Nordschweden mit dem Staatsgestüt Wangen
Verbreitung:	Schweden
Stockmaß:	1,45 bis 1,60 Meter
Farben:	alle, vor allem Braune und Rappen
Zuchtziel:	mittelgroßes, leichtes Kaltblut von ursprünglichem Typ mit keilförmigem Kopf auf einem gut geformten Hals mittlerer Länge, mit langem Rücken und stabilem Fundament mit Behang, Gelenke und Sehnen von ausgezeichneter Qualität, raumgreifende Gänge, besonders im Trab
Temperament:	verlässlich, energisch
Verwendung:	Arbeits-, Freizeitpferd (Pferdetourismus), Trabrennpferd
Besonderheiten:	1924 bekam der Zuchttyp Traber sein eigenes Zuchtbuch, seit 1990 gibt es den Namen „Nordschwedisches Pferd".
Kontakt:	www.nordsvensken.org

FREIBERGER

Steckbrief

Herkunft:	Hochebenen der Freiberge im Jura, Schweiz
Zuchtverband:	Fédération Suisse d'élevage du cheval de la race des Franches-Montagnes
Hauptzuchtgebiet:	Schweiz mit dem Nationalgestüt in Avenches
Verbreitung:	Schweiz, Italien, Frankreich, Deutschland
Stockmaß:	1,50 bis 1,62 Meter
Farben:	bevorzugt Braune, Rappen, Füchse, möglichst wenig weiße Flecken
Zuchtziel:	ausdrucksstarkes, marktgerechtes, rassetypisches, mittelrahmiges Kaltblutpferd im mittelschweren Typ mit schwungvollen, elastischen und korrekten Bewegungen
Temperament:	zuverlässig, gelehrig, menschenbezogen, anspruchslos, robust, nervenstark
Verwendung:	Zug-, Waldarbeits- und Reitpferd (Wander- und Westernreiten, gelegentlich Springen, leichte Dressur, Voltigieren), Therapie- und Schlachtpferd
Besonderheiten:	Der Freiberger ist als einzige original Schweizer Pferderasse der letzte Vertreter des leichten Kaltblutpferdes in Europa.
Kontakt:	**www.fm-ch.ch**

DAS JURAPFERD

Seit 1900 wird die Reinzucht des mittelschweren Kaltblüters verfolgt, der seit Mitte des 19. Jahrhunderts stark geprägt ist von anglonormannischem und Hackney-Einfluss. 1315 wurden die kompakten Pferde, die nach ihrem Herkunftsort, dem Hochplateau der Freiberge an der westlichen Grenze des Schweizer Jura, benannt wurden, erstmalig erwähnt. Sie heißen auch „Jurarasse" oder „Franche Comtes". Ursprünglich wurden sie vor allem von den Gebirgsjägern der Schweizer Armee eingesetzt – die Trittsicherheit der Rasse ist legendär. Ab 1950 wurden die rund 550 bis 650 Kilogramm schweren Freiberger durch Einkreuzung von Hengsten aus Schweden und Frankreich umgezüchtet in Richtung eines vielseitig verwendbaren Reit- und Fahrpferdes. Heute wird wieder Reinzucht betrieben. Zentrum der Rasse ist das Nationalgestüt in Avenches. Die Allrounder gelten als leichteste Kaltblutrasse Europas und werden noch heute als Militärpferde in der Schweizer Armee eingesetzt.

NORIKER

DER GELÄNDEGÄNGIGE

Der Noriker, auch „Pinzgauer" genannt, ist hippologisches Kulturgut in Österreich und der Bruder des Süddeutschen Kaltbluts. Die Bezeichnung „Noriker", 1939 eingeführt, geht auf die römische Provinz Noricum zurück, die etwa das heutige Österreich umfasste. Seit Jahrhunderten im Alpenraum als trittsicheres, praktisches Arbeitspferd gezüchtet und zunehmend im Freizeitbereich eingesetzt, geht das vielseitige Kaltblut auf Kreuzungen von römischen Pferden mit heimischen Stuten zurück. Als eigene Rasse wurde der Noriker erstmalig 1565 erwähnt, als er in die Stutbuchführung des Erzbischofs von Salzburg aufgenommen wurde.

Die Rasse gründet sich auf die fünf Hengstlinien *Vulkan*, *Nero*, *Diamant*, *Schaunitz* und *Elmar*. Letzterer, ein 1896 geborener Tigerschecke, vererbte sein buntes Kleid mit seinem ursprünglich andalusischen Blut dominant in seinen Nachkommen. Bis Mitte der 1930er-Jahre unterschied man den Pinzgauer Noriker im schwereren Typ und den leichteren Oberländer.

Steckbrief

Herkunft:	Österreich
Zuchtverband:	Zentrale Arbeitsgemeinschaft Österreichischer Pferdezüchter
Hauptzuchtgebiet:	Österreich
Verbreitung:	Österreich, Süddeutschland, Kroatien
Stockmaß:	1,52 bis 1,70 Meter
Farben:	alle außer Schimmel
Zuchtziel:	mittelschweres, trittsicheres Gebirgskaltblutpferd mit einem gutem Gleichgewicht und einem Kopf von herbem Adel
Temperament:	kooperativ, geländesicher, bodenständig
Verwendung:	Freizeitpferd zum Reiten und Fahren, Land- und Forstwirtschaft
Besonderheiten:	Die gefleckte Ausgabe des kompakten Schwergewichts ist der „Pinzgauer Schecke".
Kontakt:	**www.norikertirol.at**

ARDENNER

DAS „DREI-LÄNDER-PFERD"

Jahrhundertelang diente der in den französischen, luxemburgischen und französischen Ardennen beheimatete kompakte Muskelprotz als Kriegsross, später als Zug- und Wirtschaftspferd. Seine Wurzeln liegen im prähistorischen Solutré-Pferd, das um 20.000 v. Chr. in Frankreich und Belgien lebte. Im Laufe der Jahrhunderte wurde der Ardenner-Schlag schwerer, dennoch floss wiederholt Araber- und orientalisches Blut ein. Römer, Ritter und Napoleons Artillerie setzten auf die schicken, muskulösen und beweglichen Kriegsrösser. Im 19. Jahrhundert wurden Brabanter, schließlich belgische Kaltblüter eingekreuzt, um ein schweres Wirtschaftspferd zu züchten. Mittlerweile wurde zum mittelschweren, ursprünglicheren und erkennbar arabisch geprägten Typ zurückgekehrt. 1929 wurde in Frankreich ein Stutbuch aufgelegt, der Rassestandard wurde 1948 fixiert.

Der Ardenner wurde in viele Rassen eingekreuzt, unter anderem entstanden der Trait du Nord, der Auxois, der Schweden-Ardenner und der Pfälzer-Ardenner.

Steckbrief

Herkunft:	französische und belgische Ardennen
Zuchtverband:	Stud-Book du Cheval de Trait Ardennais (Frankreich), Sociéte royale „Le cheval de Trait ardennais" (Belgien)
Hauptzuchtgebiet:	Nordosten von Frankreich
Verbreitung:	Frankreich, Belgien, Luxemburg, Schweden
Stockmaß:	1,52 bis 1,62 Meter
Farben:	Rot- und Braunschimmel, Braune, Falben, selten Füchse
Zuchtziel:	gefälliger, mittelgroßer Kaltblüter mit viel Ausdruck, mit korrekten und gut bemuskelten Gliedmaßen und üppigem Behang
Temperament:	anspruchslos, lebhaft, zuverlässig, gutartig
Verwendung:	Zug- und Freizeitpferd (Fahren und Reiten), Landwirtschaft, Weinbau, Holzrücken, Fleischlieferant
Besonderheiten:	eine der ältesten Kaltblutrassen Europas
Kontakt:	www.cheval-ardennais.fr
	www.chevaldetraitardennais.be

BRABANTER

EIN STARKER SCHLAG UNTER DEN STARKEN

Der Brabanter mit der charakteristisch zu beiden Seiten des Halses fallenden Doppelmähne wird auch „Flamländer", „Flämisches Pferd" und „Trait du Nord" genannt. Er wiegt gut eine Tonne und geht auf das prähistorische Waldpferd Equus przewalski silvaticus (Waldtarpan) zurück. Erwähnt bereits bei den Römern, wurde diese bedeutende Kaltblutrasse zwischen dem 11. und 16. Jahrhundert vor allem als schweres Kriegspferd in Brabant und Flandern gezüchtet. Seit Jahrhunderten dient der Brabanter in der Landwirtschaft, seine Hauptaufgabe ist seit jeher das Ziehen schwerer Lasten. Viele moderne Kaltblutrassen wurden von dem Schlag beeinflusst, maßgeblich der Ardenner, das Rheinisch-Deutsche Kaltblut sowie die Shires, die Clydesdales, das Suffolk Punch, das italienische Kaltblut und das irische Zugpferd. Im 19. Jahrhundert kristallisierten sich drei Typen heraus: muskulöse Braune der *Gros-de-la-Dentre*-Linie nach dem Hengst *Orange I.*, lebhafte Schimmel, Falben und Rotschimmel der *Gris-du-Hainaut*-Linie, zurückgehend auf den Hengst *Bayard*, und schließlich die *Colosses-de-la-Méhaigne*-Linie mit *Jean I.* als Begründer. Ein Zuchtbuch existiert seit 1886.

Steckbrief

Herkunft:	Brabant, Belgien
Zuchtverband:	Société Royale Le Cheval de Trait Belge
Hauptzuchtgebiet:	Belgien
Verbreitung:	Europa, Amerika
Stockmaß:	1,60 bis 1,70 Meter
Farben:	meist Rot- und Braunschimmel
Zuchtziel:	mächtiges, schweres Arbeitspferd mit ausdrucksvollem Kopf, muskulöser, tiefer Brust und Spaltkruppe
Temperament:	ausdauernd, arbeitswillig, umgänglich,
Verwendung:	Zug- und Arbeitspferd, Brauereipferd, Showpferd
Besonderheiten:	An der belgischen Küste wird der Brabanter als Tragtier der Krabbenfischer eingesetzt und steht stundenlang unbeweglich im Meer.
Kontakt:	**www.kmbt-srctb.be/fr/home.htm**

VOLLBLÜTER UND TRABER

Die deutsche Bezeichnung „Vollblut" ist etwas irreführend. Das englische Wort „thoroughbred", das übersetzt „durchgezüchtet" heißt, beschreibt treffender, was diese Pferde ausmacht: Alle Vollblüter weltweit sind lückenlos auf die Linienbegründer zurückzuführen, die im „General Stud Book" von 1793 aufgeführt sind. Die Franzosen nennen die edlen Vierbeiner „pur sang", was so viel bedeutet wie „reinen Blutes".

Das Vollblut wird oft als „Krone der Tierzucht" bezeichnet. Unterschieden werden Arabische und Englische Vollblüter. Den Namenszusatz „Englisch" haben die Pferde ihrer Wiege vor über 40 Generationen zu verdanken: Großbritannien. Der Zuchtmaßstab der Englischen Vollblüter ist seit gut 250 Jahren der Zielpfosten der Rennbahn. In 85 Ländern auf dem gesamten Erdball werden mittlerweile Galopprennen ausgetragen. Darüber hinaus erlangten Vollblutpferde vor allem als Veredler in vielen Reitpferderassen der Welt eine enorme Bedeutung.

Vor allem vor dem Sulky bringt der Traber Höchstleistungen. Erste Rennen wurden im 18. Jahrhundert in Russland und Skandinavien ausgetragen. Ab Mitte des Jahrhunderts wurden in den Niederlanden Trabrennen mit friesischstämmigen Pferden gefahren. Eine systematische Zucht begann Ende des 18. Jahrhunderts in Russland, einige Jahre später in Frankreich und Amerika. Die Traberzucht in Deutschland ist geprägt vom Amerikanischen und Französischen Traber. Auch einige wenige Warmblüter und sogar vereinzelte Kaltblutrassen haben eine Traber-Variante hervorgebracht, so beispielsweise die nordamerikanischen Morgan Horses, die schwedischen Dölepferde und das Finnpferd.

ARABER

Der Vollblutaraber („ox", „AV")

Aus den edlen Kriegspferden der Beduinen Arabiens ging das Englische Vollblut hervor. Es gibt damit kaum eine Reitpferderasse, die keine arabischen Blutlinien aufweist. Die Heimat der 1,50 bis 1,60 Meter großen Pferde ist das heutige Saudi-Arabien. Von dort verbreitete sich das arabische Pferd durch Mohammed (570 bis 632) und die Anhänger des Islam erst in der islamischen, dann in der ganzen Welt. Unter Mohammed schrieben die Kriegspferde der Beduinen, die möglicherweise schon zu König Salomons Zeiten (um 965 bis 925 v. Chr.) oder sogar noch früher bekannt waren, als gute Kavalleriepferde Geschichte. Die abendländischen Ritter brachten das harte, edle Pferd nach Europa. Der polnische König Sigismund August (1548–1572) gründete in Knyszyn das erste europäische Gestüt, heute ist das Hauptgestüt Janow bedeutende Zuchtstätte. Im Haupt- und Landgestüt Marbach existiert das älteste rein arabische Zuchtprogramm der Welt. Zuchten in Spanien, Frankreich und Großbritannien folgten, wobei anfänglich der Rassetyp deutlich entsprechend des jeweils bevorzugten heimischen Exterieurs geprägt war. In Frankreich wird seit jeher vor allem auf Rennleistung selektiert. Bedeutende Stammväter der arabischen Zucht kommen aus England: *Darley Arabian*, *Godolphin Barb* und *Byerley Turk*. Als „asil" werden ägyptische Pferde mit nachweislich Original-Araber-Abstammungen bezeichnet. Der Dachverband „World Arabian Horse Organisation" überwacht die Zucht.

EINE HANDVOLL WIND

Um mit einem weitverbreiteten Irrtum gleich aufzuräumen: Wer gemeinhin vom Araber spricht, wirft in der Regel alles in einen Topf und meint meist den Vollblutaraber. „Araber" ist nämlich mehr ein Oberbegriff als eine Rassebezeichnung und steht für eine Vielzahl von Untergruppen. Sie alle werden vom weltweiten Araberverband betreut, und jede für sich ist eine eigene Rasse. Dazu zählen der Vollblutaraber, der Shagya-Araber, der Araber, der Angloaraber und das Arabische Halbblut. Jede Gruppe trägt einen Buchstaben oder eine Buchstabenkombination als Namenszusatz, der oder die auch in den Zuchtpapieren geführt wird und so eine schnelle Rassezuordnung ermöglicht.

Steckbrief

Herkunft:	Arabische Halbinsel
Zuchtverband:	Dachverband ist die „World Arabian Horse Organization"
Verbreitung:	weltweit
Farben:	alle außer Albinos
Zuchtziel:	adliges Pferd mit keilförmigem Kopf, konkavem Nasenprofil und kleinem Maul sowie weit auseinanderliegenden Ganaschen mit trockenem, hartem Fundament, mittellangem Hals und leichtem Genick als ausdauerndes Sport- und Reitpferd
Temperament:	ausdauernd und hart mit besonders schneller Regenerationszeit, leistungsfähig, feurig, mutig, sanft
Verwendung:	Reit- und Wagenpferde, vor allem Distanzreiten, Veredler
Besonderheiten:	Araber ist ein Oberbegriff für die Rassen Vollblutaraber, Shagya-Araber, Angloaraber und das Arabische Halbblut.
Kontakt:	www.waho.org
	www.shagya-araber.info
	www.szap.ch
	www.vzap.org
	www.zsaa.de

Der Shagya-Araber („ShA")

Der großrahmige Shagya-Araber (1,58 bis 1,62 Meter) kommt vor allem als Schimmel vor und wird hauptsächlich in Ungarn gezüchtet. Er ist sozusagen die europäische Variante des edlen Beduinenpferdes und war bewusst größer und stärker gemacht worden. Stammvater ist der Honigschimmel *Shagya* (geboren 1830), der 1836 in das kaiserlich-königliche Gestüt Báblona im heutigen Ungarn kam. Auch im heute österreichischen Radautz wurde eine wichtige Zuchtstätte ins Leben gerufen. Den Hengst *Shagya* führen alle Shagya-Araber im Pedigree. Die Rasse wurde ursprünglich zwar „Araber" genannt, heute zählt dazu aber nur das Pferd, welches auf die alten Stutbücher von Radautz und Báblona zurückzuführen ist. Sie führen weit hinten in ihren Ahnenreihen Fremdblut von militärischen Warmblutstuten und wurden 1978 vom weltweiten Araber-Dachverband (WAHO) als eigenständige arabische Rasse anerkannt. Der Shagya-Araber wurde als Veredler erfolgreich unter anderen in Holsteiner-, Hannoveraner- und Trakehnerzuchten eingesetzt. Die Rasse wird von der Internationalen Shagya-Gesellschaft betreut.

Der Araber ("A")

Ein Pferd der Rasse Araber ist nicht rein genug für einen Vollblutaraber, lässt sich wegen seines Fremdblutanteils nicht den Shagya-Arabern zurechnen, hat aber wiederum nicht genügend Fremdblut für einen Angloaraber und ein Halbblut. Einfach ausgedrückt: Zu den Arabern zählen diejenigen, deren Herkunft nicht lupenrein nachweisbar ist, sowie Farbzuchten mit 80 Prozent Vollblutaraberanteil (Pintos, Palominos). Auch Tersker gehören dazu, eine russische Zuchtrichtung, deren Vertreter je nach Vorfahren den einzelnen arabischen Rassegruppen zugeordnet werden (außer den Vollblutarabern). Sie haben keinen einheitlichen Rassetyp.

Angloaraber („AA")

Der Ursprung diese Gruppe, die um 1,55 bis 1,65 Meter groß ist, liegt im Jahr 1815 in Frankreich. Der Angloaraber ist das Produkt einer gelungenen Anpaarung von Arabischen und Englischen Vollblütern, die ab 1832 in einem französischen Stutbuch erfasst wurden. Damit ist der französische Angloaraber die älteste stutbuchmäßig registrierte Sportpferderasse Frankreichs. Zuchtziel seit dem Ersten Weltkrieg ist, Leistungspferde vor allem für Sport und Rennen zu züchten. Die ursprüngliche Trennung in angloarabisches Vollblut („x", „AAV"), Angloaraber („AA") und angloarabisches Halbblut („AAH") wurde aufgegeben. Die Angloaraberzucht stellte bedeutende Veredler zum Beispiel für das Selle Français und deutsche Warmblutzuchten (unter anderem Hannoveraner, Holsteiner, Oldenburger, Trakehner). Hauptzuchtstätten in Frankreich sind das Haupt- und Landgestüt Pompadour sowie die Nationalgestüte. Eine weitere bedeutende Angloaraberzucht existiert in Polen (Malopolska-Rasse). Bedingung für die Rasse-Anerkennung ist ein Mindestanteil von 25 Prozent Blut arabischer Vorfahren in den ersten vier Generationen. Die restlichen Ahnen müssen Angloaraber oder Englische Vollblüter sein. Ein rassetypisches Erscheinungsbild gibt es nicht.

Arabisches Halbblut
(„AH", „APb")

Das Arabische Halbblut oder Partbred ist keine Rasse, sondern kennzeichnet alle Pferde, die ein Elternteil aus einer der vier arabischen Zuchtrichtungen und das zweite aus anderen Rassen haben. Dazu gehören unter anderem der Arabo-Haflinger sowie viele Deutsche Reitponys. Diese Kreuzungen können beim Verband der Züchter des Arabischen Pferdes und beim Zuchtverband für Sportpferde arabischer Abstammung in einem besonderen Register eingetragen werden. Gewünscht sind weiterhin Trockenheit des Fundaments, Adel, Härte, Ausdauer und schnelle Regenerationszeit. Hoch im Kurs stehen Schecken und Palominos.

ENGLISCHES VOLLBLUT

DIE KRONE DER TIERZUCHT

Englische Vollblüter sind Englische Vollblüter. Egal wo auf der Welt sie geboren werden. Sie sind streng rein gezogen oder auch „durchgezüchtet". Die britische Züchtervereinigung, „The Thoroughbred Breeder's Association", wurde 1917 gegründet. Rennen wurden aber schon seit dem 12. Jahrhundert auf dem englischen Kontinent ausgetragen, damals mit orientalischen Pferden. Die orientalischen Hengste (Berber, Araber, Türken) wurden mit heimischen Stuten der Landrasse Galloway angepaart, die Nachkommen systematisch auf Schnelligkeit und Ausdauer selektiert. Offizielle Geburtsstunde des Englischen Vollblüters ist 1793, als das erste „General Stud Book" herausgegeben wurde. Auf die darin registrierten Pferde lassen sich alle heute lebenden Vollblüter zurückführen. Gründerhengste sind *Byerley Turk*, *Darley Arabian* und *Godolphin Barb*, die im späten 17. und frühen 18. Jahrhundert nach England importiert wurden. Von dort traten die Englischen Vollblüter einen rasanten Siegeszug um die ganze Welt an – nicht nur als Rennpferde, sondern vor allem auch als Veredler vieler anderer Rassen. Englands bekanntestes Rennpferd im 18. Jahrhundert war der Hengst *Eclipse* (geboren 1764), im 19. Jahrhundert ging die ungarische Stute *Kincsem* (geboren 1874) in die Annalen ein, und im 20. Jahrhundert war es der italienische Hengst *Ribot* (geboren 1952). Seit 1709 werden in England die Ergebnisse aller Galopprennen in sogenannten Rennkalendern notiert.

Steckbrief

Herkunft:	England	Temperament:	hart, gesund, wendig, clever, leistungswillig, eigensinnig, temperamentvoll, mutig, vielseitig
Zuchtverband:	The Thoroughbred Breeders' Association	Verwendung:	Rennpferd, Veredler, Vielseitigkeit, Springsport, Dressur, Freizeit
Hauptzuchtgebiet:	Großbritannien, Frankreich, Deutschland, Italien, USA, Japan	Besonderheiten:	Das Englische Vollblut ist die einzige Rasse, die ohne Fremdblutzufuhr gezüchtet und nach Renn-
Verbreitung:	weltweit		leistung selektiert wird. Sie hat die edelsten und
Stockmaß:	1,58 bis 1,68 Meter		schnellsten Pferde der Welt hervorgebracht.
Farben:	alle außer Schecken	Kontakt:	www.thoroughbredbreedersassociation.co.uk
Zuchtziel:	adliges und hartes Reitpferd von mittlerer Größe und robuster Gesundheit, mit harmonischen Pro- portionen, gut geformtem Hals (oft mit „Axthieb"), großem Leistungswillen, elastischen, raumgreifen- den Bewegungen, lückenlos auf die Vererber des „General Stud Book" von 1793 zurückzuführen		www.eftba.eu

TRABER

DER TORMENTOR

Die Typenvielfalt des Trabers ist groß, denn diese frühreife Spezialrasse wird ausschließlich auf Rennleistung selektiert. Den Begriff „Traber" prägten die Römer, die im 5. Jahrhundert die Pferde als „Tormentor" (=Traber) bezeichneten, die außergewöhnliche Trabanlagen hatten. Entstanden ist die Rasse aus dem Wunsch, Pferde zu züchten, die vor dem Wagen Waren und Menschen über weite Strecken in zügigem Tempo ausdauernd befördern konnten. Dafür bot sich die flotte Gangart Trab an. Folglich wurden Pferde mit sehr guter Trab- und auch Passveranlagung in der Zucht eingesetzt: Vollblut, Araber, Norfolk Trotter, Hackney. Erste Rennen in der Gangart Trab wurden im 18. Jahrhundert in Skandinavien ausgerichtet – einheimische Kaltblutpferde zogen Schlitten um die Wette. Der im 18. Jahrhundert in Russland gezogene Hengst *Bars I.*, ein Orlowtraber, beeinflusste die Traberzucht maßgeblich; wichtigster Stammhengst aus Nordamerika ist das Standardbred *Messenger xx*, in Frankreich gab *Phaeton xx* den Ton an. Die Traberzucht weltweit basiert auf diesen drei Originalzuchten. Die World Trotting Organisation fördert den internationalen Trabrennsport und die Traberzucht.

Steckbrief

Herkunft:	Russland, Frankreich, Nordamerika
Verband:	International Trotting Association
Hauptzuchtgebiet:	Russland, Frankreich, Amerika, Deutschland
Verbreitung:	weltweit
Stockmaß:	1,45 bis 1,70 Meter
Farben:	alle
Zuchtziel:	leistungsfähiger Traber mit Frühreife und korrektem Exterieur
Temperament:	ausdauernd, leistungswillig, ausgeglichen, freundlich
Verwendung:	Trabrennen, Vererber, Springen, Distanz-, Wanderreiten, Freizeit
Besonderheiten:	Einige Traber besitzen die Fähigkeit zum Tölt, seit 1996 wird die Rasse „Töltender Traber" offiziell gezüchtet.
Kontakt:	**www.intertrot.org** **www.hvt.de**

ORLOW-TRABER

DIE ÄLTESTE TRABERRASSE DER WELT

Die älteste Traberrasse der Welt, früher auch als „Russischer Traber" bezeichnet, wurde 1780 von dem russischen Grafen Alexej Orlow (1737 bis 1809) begründet. Sein Zuchtziel: schnelle, vielseitige Gespannpferde. In seinem Gestüt Chrenowoje in der Region Woronesch in Mittelrussland paarte er den 1775 auf der griechischen Halbinsel Morea erworbenen arabischen Vollblutschimmelhengst *Smetanka* mit einer mausfalbfarbenen dänischen Stute aus dem Gestüt Frederiksborg. *Polkan I.* war das Ergebnis. Er zeugte mit einer friesischen Stute den Begründer der Orlow-Rasse, den Schimmelhengst *Bars I.* Er war 17 Jahre lang Hauptbeschäler in Chrenowoje, wo man viel auf gezielte Inzucht setzte.

1834 wurde die Moskauer Trabrenngesellschaf gegründet. 1845 übernahm die kaiserlich russische Gestütsverwaltung die Regie in Chrenowoje und legte ein Gestütsbuch an. Die ersten russischen Traber Orlowscher Abstammung kamen im 19. Jahrhundert in den Westen. Sie galten als schnellste Traber der Welt, bis die amerikanischen Standardbreds sie ablösten. Im Ersten Weltkrieg brach die Zucht ein, wurde aber konsequent wieder aufgebaut.

Steckbrief

Herkunft:	*Orlow bei Moskau/Russland*
Zuchtverband:	*Russisches Forschungsinstitut für Pferdezucht*
Hauptzuchtgebiet:	*Russland*
Verbreitung:	*Ukraine, Staaten der ehemaligen Sowjetunion, Deutschland*
Stockmaß:	*meist 1,56 bis 1,60 Meter*
Farben:	*vor allem reinweiße Schimmel und Apfelschimmel, aber auch Brauntöne, Rappen, Füchse*
Zuchtziel:	*massives, harmonisches Pferd mit Schwanenhals, hohem Widerrist, der in einen geraden, langen Rücken übergeht, gutem Muskelapparat, von kräftiger, trockener Konstitution*
Temperament:	*ausgeglichen, ausdauernd, hart, ehrlich, energisch*
Verwendung:	*Veredler, Fahren, Wirtschaftspferd, verschiedene Sportdisziplinen, Freizeit*
Besonderheiten:	*Hinter der Bezeichnung „Russischer Traber" verbirgt sich bis 1949 der Orlow-Traber und seit 1949 der Metis-Traber.*
Kontakt:	**www.horses.ru/breeds.htm**

DÖLEPFERD

(Foto: Magdalena Strakova)

DER WARM- UND KALTBLÜTIGE

Das Dölepferd (auch: Gudbrandsdalspferd oder Östlands-
pferd) gibt es als Kalt- und Warmblutvariante. Die Typen werden eingeteilt in ein leichtes Reitpferd, ein schwereres – aber
immer noch leichtes – Kaltblut sowie einen sportlichen Traber. In seiner Heimat ist das Dölepferd weitverbreitet, in anderen Ländern wenig. Seine Ähnlichkeit mit dem Friesen sowie mit dem Fell Pony und dem Dales Pony liegt an der
Rasseentstehung. An ihr waren außer Landrassen und Fjord-
pferden auch Friesen und von englischen Händlern mitge-
führte englische Ponyrassen beteiligt. Im 19. Jahrhundert wurden Warmblut-, Vollblut- und Kaltblutrassen eingekreuzt
(Frederiksborger, Holsteiner und Englische Vollblüter), die
die Typenvielfalt hervorbrachten. Ende des 18. Jahrhunderts
wurde das Dölepferd als Kulturrasse anerkannt, 1870 als Standard der schwere Typ festgelegt, das erste Stutbuch erschien
1914. 1947 taufte das norwegische Landwirtschaftsministe-
rium die Rasse offiziell „Dølehesten". Stammvater ist *Veikle
Balder 4*. Er deckte 1862 bis 1869 als erster Hengst Norwe-
gens im Natursprung in den Bergen. Früher wurde das Dölepferd in der Wald- und Forstwirtschaft eingesetzt, seit 1962

Steckbrief

Herkunft:	die Täler um Gudbrandsdal im Norden Norwegens
Zuchtverband:	*Landslaget for Dølehest*
Hauptzuchtgebiet:	Ostnorwegen
Verbreitung:	Norwegen
Stockmaß:	1,48 bis 1,56 Meter, Traber um 1,55 Meter
Farben:	vor allem Rappen, Braune, keine Schecken
Zuchtziel:	lang gestrecktes Pferd mit guter Körpermasse; gut entwickelte Muskulatur, gute Beinqualität, kräftige Hinterhand, breite und tiefe Brust
Temperament:	ehrlich, gelehrig, leistungsstark
Verwendung:	Reit- und Wagenpferd, Trabrennpferd, Freizeit, Voltigieren, Therapie
Besonderheiten:	Angepaart mit Trabern entsteht die eigenständige Rasse „Norwegischer Kaltbluttraber".
Kontakt:	**www.dolehesten.no**

sichert ein Staatsgestüt den Fortbestand der Rasse und selektiert vor allem auf Trabrennleistung.

BESONDERE UND BEDROHTE RASSEN

Zunächst einmal ist jede Pferderasse „besonders", und leider gibt es jede Menge bedrohte Rassen. Allein die Kaltblutpferde könnten fast allesamt in diese Rubrik einsortiert werden. Aber was sie ausmacht, ist klar definiert. Was „besonders" ist, ist auch Auslegungssache. „Besonders" gilt hier beispielsweise als Synonym für „Typ" – für den Hunter als Gebrauchstyp beispielsweise, aber auch für den Tinker. „Besonders" steht außerdem für die Rassen, die auf Farbe und nicht auf Körperbau oder Veranlagung hin selektiert werden wie Palominos und Pintos. „Ist Farbe oder Typ überhaupt eine eigene Rasse?", fragt mancher, und nicht wenige werden das verneinen, während andere mit dieser besonderen Rasseauffassung keine Probleme haben. Die Kleinsten sind natürlich besonders, die Falabellas, und die Gelockten, die Curlys. Und dann gibt es die Urtypen und die fast vernichteten wie Przewalski, Tarpan und Co., die nicht fehlen dürfen. Vielleicht könnte man sie allen anderen Rubriken „unterschieben", bei den Warm- oder den Kaltblütern, den Ponys oder Kleinpferden einsortieren. Aber sie haben ihre eigene Rubrik verdient, weil sie so besonders oder so selten sind. Und manchmal auch beides zusammen.

POLOPONY/POLOPFERD

Steckbrief

Herkunft:	*Argentinien*
Zuchtverband:	*Asociación Argentina de Criadores de Caballos de Polo*
Hauptzuchtgebiet:	*Argentinien, England, Indien*
Verbreitung:	*weltweit*
Stockmaß:	*1,50 bis 1,60 Meter*
Farben:	*alle*
Zuchtziel:	*kein verbindlicher Zuchtstandard; generell kräftiger, muskulöser Körper, kräftige Knochen, trockener Kopf, gut geformter Hals, kurzer Rücken*
Temperament:	*(reaktions-)schnell, ausdauernd, beweglich, spielfreudig*
Verwendung:	*Polo, Gelände, Jagd*
Besonderheiten:	*Mähne und Schopf werden abrasiert, damit sich die Poloschläger nicht darin verfangen.*
Kontakt:	**www.poloargentino.com**
	www.dpv-poloverband.de
	www.polostmoritz.com

DER SPIELER

Das PoloPony ist streng genommen weder ein Pony noch eine Rasse, sondern ein Gebrauchstyp. Als solcher wird es seit 200 Jahren gezüchtet – und zwar ausschließlich orientiert an den Erfordernissen, die das rasante und harte Mannschaftsspiel Polo vorgibt. Polo hat seine Anfänge im antiken Persien (um 600 v. Chr.), wo es zum Nationalsport aufstieg und sich schließlich mit der islamischen Expansion nach Arabien und Indien ausbreitete. Dort spielten es unter anderem englische Kavallerieoffiziere, die 1854 den ersten Poloclub in Kalkutta gründeten. Durch sie gelangte der Sport im 19. Jahrhundert nach Großbritannien (1859 wurde der erste englische Poloclub gegründet) und 1877 nach Argentinien. Das südamerikanische Land übernahm aufgrund der idealen Möglichkeiten, perfekte Poloponys zu züchten, bald die Führungsrolle in Zucht und Sport. Es wurden heimische, zähe Criollos mit Vollblütern gekreuzt und die Nachkommen wieder mit Vollblut angepaart. Moderne Polopferde enthalten mittlerweile Quarter-Horse-Blut sowie arabische Anteile. Gute Poloponys müssen das Spiel lieben. Sie werden nach mentalen und athletischen Kriterien selektiert.

HUNTER

Steckbrief

Herkunft:	*vor allem Irland, Großbritannien*
Hauptzuchtgebiet:	*Irland, Großbritannien*
Verbreitung:	*weltweit*
Stockmaß:	*meist 1,50 bis 1,80 Meter*
Farben:	*alle*
Zuchtziel:	*ein für Jagd und Springen geeignetes, großrahmiges und vor allem mutiges Reitpferd mit bestem Fundament und proportional passendem Kopf sowie langem Hals*
Temperament:	*mutig, leistungswillig, ausdauernd, robust, lebhaft*
Verwendung:	*Reitpferd für Jagd und Springen*
Besonderheiten:	*Der Hunter ist ein Gebrauchstyp und meist ein Halbblutnachkomme aus Vollblutvater und Kaltblutmutter.*
Kontakt:	**www.sporthorsegb.co.uk**
	www.ushja.org

DER GEBRAUCHS-GEKREUZTE

Der Hunter ist keine Rasse, sondern ein Gebrauchstyp. Es gibt weder ein einheitliches Erscheinungsbild noch einen Zuchtverband, der ein Ursprungszuchtbuch führt. Es gibt leichte, mittelschwere sowie schwere Typen und auch Ponys. Generell ist der Hunter ein für Jagd und Springen besonders geeignetes Pferd – also mutig, geländesicher und springvermögend.

In Großbritannien und Irland, wo die meisten Hunter gezüchtet werden, sind dies meist Gebrauchskreuzungen aus einem Vollbluthengst und einer Stute der Rassen Irish Draught oder manchmal auch Cleveland Bay. Diese Irish Hunter gelten als die besten und mutigsten Vielseitigkeitspferde der Welt. 2004 wurde die „United States Hunter/Jumper Association" in den USA gegründet. Die Organisation führt Regie über spezielle Springwettbewerbe, die „Hunter classes", in den USA, an denen Reiter mit Pferden verschiedenster Warmblutrassen teilnehmen können, die dem Huntertyp entsprechen.

PINTO

Steckbrief

Herkunft:	Amerika
Hauptzuchtgebiet:	weltweit
Verbreitung:	weltweit
Stockmaß:	mindestens 1,18 Meter
Farben:	nur Plattenschecken (keine Tigerschecken)
Zuchtziel:	ein korrektes, harmonisches Pferd/Pony mit trockenem und ausdrucksvollem Kopf mit großen, lebhaften und freundlichen Augen, nicht zu großen Ohren, einer gut geformten Halsung, plastischer Bemuskelung sowie klaren Gliedmaßen
Temperament:	gutmütig, ehrlich, ausdauernd, menschenbezogen
Verwendung:	alle Disziplinen des Reit- und Fahrsports
Besonderheiten:	Pintos gibt es vom Pony bis zum Arabertyp.
Kontakt:	**www.pinto.org**
	www.pinto-dpzv.de

„Pinta" (Fleck) oder auch von „pintado" (bunt geflect). Die Scheckfärbung ist von Geburt an vorhanden. Der Pinto stammt ab von spanischen Pferden, die im 16. Jahrhundert von den Eroberern nach Amerika gebracht wurden. Die Indianer liebten die bunten Pferde, weil sie leicht wiederzuerkennen waren und gleichzeitig eine natürliche Tarnung hatten. Schon in vorchristlicher Zeit hat es Schecken in Europa gegeben, im Orient wurden sie ab dem 7. Jahrhundert nachgewiesen. Erst im 20. Jahrhundert wurde mit der systematischen Farbzucht begonnen, in den USA auf der Basis von Standardbred, Araber, Welsh, Morgan, Vollblut und Quarter Horse.

Die Fellmuster werden grundsätzlich in die Plattenscheckungen Tobiano (Grundfarbe weiß, farbige Flecken) und Overo (Grundfarbe dunkel, helle Flecken) unterschieden. Tovero nennt man die Mischform aus beiden. Die stark variierende Sabino-Scheckung gibt es in drei Grundmustern, man könnte vereinfacht sagen, es ist grundsätzlich eine unruhige Scheckung mit vielen weißen Anteilen.

Heute werden Pintos in die fünf Sektionen A bis E eingeteilt: das Warmblut (Sektion A), den Reitpferdetyp (B), den Stocktyp oder Western-Schecken (C), das Pinto-Pony (D) und das Pinto-Gangpferd (E). Zulätzlich gibt es den Pinto im Arabertyp (Pintabian).

DAS INDIANERPFERD

Pintos sind eine Farbzucht, keine Rasse. Ein Pinto ist jedes Pferd mit Fellscheckung, egal zu welcher Rasse es gehört. Die Bezeichnung „Pinto" kommt vom spanischen Wort

PALOMINO

DAS GOLDENE PFERD DES WESTENS

Der Palomino ist eine Farbzucht. Das isabellfarbene Kleid kommt in allen Rassegruppen vor, bei den Ponys zum Beispiel beim Welsh Mountain, Shetlandpony und Deutschen Reitpony sowie bei Warmblütern. In Nordamerika ist der Palomino als Rasse anerkannt. 1932 wurde dort das erste Zuchtregister angelegt. Der Palomino wird in drei Grundtypen unterteilt: den Stocktyp (Westernpferde, vor allem Quarter Horses), den Pleasuretyp (vor allem Morgan Horses, Araber und Tennessee Walking Horses) und das Golden American Saddlebred (Saddlebreds). Außerdem gibt es noch Ponys und Hunter-Typen. Belegt ist die Existenz der isabellfarbenen Pferde seit dem Altertum in China. 1519 kamen die ersten Exemplare aus dem Gestüt von Königin Isabella von Spanien nach Mexiko, von dort aus verbreiteten sie sich über Kalifornien in alle US-Staaten. Der Name „Palomino" geht auf den Offizier Don Juan Palomino zurück (1485 bis 1547), Mitglied des spanischen Königshauses im 16. Jahrhundert, der ein Faible für Pferde dieser Farbe hatte. Als „isabellfarben" wurden die Pferde zu Ehren der spanischen Königin bezeichnet. Da die

Nachzucht aus Palominohengst und -stute kein Palominofohlen garantiert, wird über verschiedene Zuchtsysteme versucht, einen hohen Prozentsatz an Farbechtheit zu bekommen.

Steckbrief

Herkunft:	*Spanien*
Hauptzuchtgebiet:	*Amerika*
Verbreitung:	*USA, Kanada, weltweit*
Stockmaß:	*1,43 bis 1,63 Meter*
Farbe:	*isabellfarben mit weißer Mähne und weißem Schweif, keine Abzeichen*
Zuchtziel:	*isabellfarbenes Pferd*
Temperament:	*ausdauernd, freundlich*
Verwendung:	*Western, Show, Reit- und Wagenpferd (Freizeit)*
Besonderheiten:	*Der Palomino ist nicht in jedem Land als Rasse anerkannt.*
Kontakt:	*www.palominohorseassoc.com*
	www.palominohba.com

TINKER

DAS ZIGEUNERPFERD

Tinker ist ursprünglich die Bezeichnung für die Pferde fahrender Kesselflicker (englisch „tinker") in Großbritannien und Irland. Unter den Begriff „Tinker" fallen Irish Cobs und Coloured Irish Cobs. Jeder Irish Cob ist also ein Tinker, aber nicht jeder Tinker ein Irish Cob. Pferde, die nicht dem Rassestandard des Irish Cob entsprechen, werden Irish Cob Crossbred genannt. Einen internationalen Tinker-Zuchtverband gibt es nicht, und in den Tinker-Mutterländern gibt es keine schriftliche Überlieferung der Abstammungen. Seit 2005 führt Deutschland das Ursprungszuchtbuch, für alle

Steckbrief

Herkunft:	Irland, Nordengland
Zuchtverband:	Deutschland führt mit den über die Reiterliche Vereinigung (FN) angeschlossenen Verbänden das Ursprungszuchtbuch
Hauptzuchtgebiet:	Irland, England
Verbreitung:	Irland, England, Holland, Deutschland, Skandinavien, Frankreich, Österreich, USA, Kanada
Stockmaß:	1,35 bis 1,60 Meter
Farben:	Tobiano-Scheckung, auch drei- und einfarbige, keine Albinos
Zuchtziel:	vielseitiges Gebrauchspferd in Scheckfärbung mit vollem Langhaar, Behang an den Beinen; Typenvielfalt reicht vom schweren Cob mit erkennbarem Kaltbluteinschlag über den mittelschweren Reit- bis zum Ponytyp
Temperament:	gutmütig, menschenbezogen, ausgeglichen, willensstark
Verwendung:	Freizeit (Reiten und Fahren bzw. Ziehen), Therapie, Jagd
Besonderheiten:	Es gibt keine schriftlich überlieferten Abstammungen.
Kontakt:	www.irishcobsociety.com www.echa-esv.de www.irish-tinker.at

FN-Mitgliedsverbände gilt ein einheitlicher Rassestandard. 1998 wurde die „Irish Cob Society" gegründet.

Für die deutschen Irish Cobs ist die Europäische Scheckenzüchter-Vereinigung verantwortlich. Vermutlich kamen die „Zigeuner-Pferde", die manchmal ein braunes und ein blaues Auge haben, im 15. Jahrhundert mit einem Sinti-Stamm über Indien und Persien nach England, Schottland und Irland. Zuchtziel war allein der Gebrauch, das fahrende Volk suchte sich Deckhengste aus verschiedenen Rassen. Vom Welsh Cob und Dales über das Fell Pony bis hin zu Kaltblütern wie Clydesdale und Shire Horse kam alles zum Einsatz. Wichtiger als Körperbau waren Charakter, Zugleistung und Robustheit. Geschätzt wurde die bunte Scheckung, weil sie die Identifikation der Pferde erleichterte. Der schwerere Cob war damals gefragter als der leichtere Reittyp, heute ist es andersherum.

AMERICAN CREAM DRAFT HORSE

Steckbrief

Herkunft:	*USA*
Zuchtverband:	*American Cream Draft Horse Associacion*
Hauptzuchtgebiet:	*USA*
Verbreitung:	*USA*
Stockmaß:	*meist 1,52 bis 1,72 Meter*
Farbe:	*Cremellos, weiße Abzeichen sind unerwünscht*
Zuchtziel:	*Kaltblut mit rosafarbener Haut und cremefarbenem Fell, breite Brust, kräftige, abgeschlagene Kruppe, wenig Behang, Augen immer hellblau oder bernsteinfarben („Birkenauge")*
Temperament:	*umgänglich, arbeitswillig*
Verwendung:	*Liebhaberzucht*
Besonderheiten:	*Einzige Kaltblutrasse in den USA, die – so der Anspruch des Zuchtverbandes – nicht direkt auf Importpferde zurückgeht.*
Kontakt:	*www.acdha.org*

DER FARBE WEGEN

Die mittelschwere Kaltblutrasse American Cream „Draft Horse" ist eine Farbzucht und sehr selten. Sie entstand Anfang des 20. Jahrhunderts in den USA aus Kreuzungen verschiedener Kaltblüter und wird einzig auf Farbe hin selektiert, die durch das Cremello-Gen hervorgerufen wird. Entsprechend vielfältig sind die Typen. Um 1935 gewannen die isabellfarbenen Pferde an Beliebtheit, der Name „American Cream" wurde geprägt. Stammmutter der Rasse ist Old Granny, eine cremefarbene Kaltblutstute unbekannter Herkunft, die Anfang des 20. Jahrhunderts auf die Lakin Farm in Iowa kam. 98 Prozent aller Kaltblut-Creams, die in der 1944 gegründeten „American Cream Draft Horse Association" registriert sind, gehen auf diese kleine Stute zurück. Die Rasseanerkennung erfolgte 1950, im gleichen Jahr wurde das Stutbuch gegründet.1982 stellte sich der Verband neu auf. Schon zwei Jahre zuvor, 1980, war die „American Cream Horse Registry" gegründet worden – heute heißt sie „American Cream and White Horse Registry". Sie registriert Cremellos aller Rassen, wenn sie den (Farb-)Kriterien entsprechen.

FREDERIKSBORGER

Steckbrief

Herkunft:	Dänemark
Zuchtverband:	Frederiksborg Hesteavlsforeningen
Hauptzuchtgebiet:	Dänemark
Verbreitung:	Dänemark
Stockmaß:	1,55 bis 1,65 Meter
Farben:	vor allem Füchse
Zuchtziel:	mittelschweres Warmblut von kräftiger Eleganz mit ausdrucksstarkem Kopf und teilweise geramstem Profil, mit langem, starkem Rücken sowie tiefer Brust
Temperament:	lebhaft, lernwillig, gehorsam
Verwendung:	Reit- und Fahrpferd
Besonderheiten:	Der Frederiksborger beeinflusste viele Zuchten, darunter das Dänische Warmblut, den Jütländer, den Orlow-Traber, den Lipizzaner und den Knabstrupper.
Kontakt:	**www.fhf.dk**

DAS PFERD ZU HOFE

Die glanzvollen Zeiten des Frederiksborgers in Dänemark und Europa sind lange vorbei. Heute ist das im 16. bis 18. Jahrhundert gefragte, edle Paradepferd vom Aussterben bedroht und gilt als dänisches Kulturgut. Der Grundstein für die Zucht wurde 1592 gelegt, als der dänische König Friedrich II. in dem von ihm gegründeten Hofgestüt Frederiksborg bei Kopenhagen begann, ein elegantes, aber robustes Reit- und Fahrpferd zu züchten. Als Grundlage dienten Iberer und Neapolitaner, die mit Stuten des dänischen Landschlages angepaart wurden. Arabisches und Englisches Vollblut wurde zur Veredelung eingesetzt. Ende des 19. Jahrhunderts wurde der barocke Typ umgezüchtet zum Arbeitspferd, später zum Sportpferd. Jütländer- und Yorkshire-Blut wurde unter anderem eingekreuzt, auch kamen Oldenburger, Hannoveraner, Ostpreußen und erneut Vollblüter zum Einsatz. Ein einheitlicher Typ ging verloren. Versuche, den Fortbestand der Rasse grundsätzlich zu sichern, waren aufgrund der wenigen noch lebenden reinrassigen Tiere bisher nicht von Erfolg gekrönt. Der Frederiksborger Schimmelhengst *Pluto* (geboren 1765) ist Mitbegründer des Lipizzaners. Über eine maus-

falbfarbene dänische Stute aus dem Gestüt Frederiksborg wurde im Jahr 1775 der Begründer der Orlow-Rasse gezeugt: der Schimmelhengst *Bars I.*

CURLY HORSE

(Foto: Gabriele Kärcher)

LOCKENPRACHT AUS NEVADA

Die Curly Horses werden in ihrer Heimat American Bashkir Curly Horse genannt. Ihr Deckhaar ist im Winter gelockt, ebenso die Haare in den Ohren und der Kötenbehang an den Beinen. Das Fell ist extrem talghaltig. Dass die Pferde von den russischen Baschkiren abstammen, scheint widerlegt. Die Fellstruktur der Curlys ist demnach keine Klimaanpassung gegen extreme (russische) Kälte, sondern eine Mutation. Wie die Curlys nach Amerika gelangt oder wie sie überhaupt entstanden sind, ist nicht geklärt. Wahrscheinlich ist, dass ihre Vorfahren mit den Spaniern in die Neue Welt gelangten, möglicherweise Berber mit gelocktem Fell. Wie bei den Farbrassen, wo Körpermerkmale zugunsten der Fellfarbe vernachlässigt werden, kommt es beim Curly nur auf die Locken an. Es gibt Curly Horses verschiedenster Typen. Einige zeigen Gangveranlagung zum Pass und Tennessee Walk. Die erste Zucht wurde 1898 vom Rancher Peter Damele in Nevada gegründet. Erste Erwähnung in nordamerikanischen Quellen findet das Curly Horse Anfang des 19. Jahrhunderts, es scheint Pferd der Sioux- und der Crow-Indianer gewesen zu sein. Die „American Bashkir Curly Horse Registry" wurde 1991 gegründet, 2000 schloss sie ihre Zuchtbücher. Die „International Curly Horse Organization" trat die Nachfolge an, das Zuchtbuch führt die „North American Curly Horse Registry". Weltweit sind circa 2000 Curly Horses registriert.

Steckbrief

Herkunft:	USA
Zuchtverband:	North American Curly Horse Registry
Hauptzuchtgebiet:	Nevada (USA)
Verbreitung:	USA, Kanada, Alaska, Australien, Schweden, Deutschland
Stockmaß:	meist 1,45 bis 1,55 Meter
Farben:	alle, teilweise mit Wildzeichnung
Zuchtziel:	gelockte Pferde
Temperament:	robust, menschenbezogen, lernwillig, unerschrocken, freundlich, ausdauernd
Verwendung:	Rancharbeit, Western, Allrounder im Freizeitbereich
Besonderheiten:	Viele Pferdehaarallergiker haben beim Umgang mit dem Curly keine Allergieprobleme.
Kontakt:	www.curlyhorses.org
	www.curly-horse-association.org
	www.abcregistry.org

(Foto: Ramona Dünisch)

DIE ALTE PRIVATZUCHT DES FÜRSTEN ZUR LIPPE

Das edle Senner Pferd ist vom Ort seiner Herkunft und vom Blut der Veredler geprägt: Im Mittelalter wurden als Fremdhengste vor allem Spanier und Andalusier in der Zucht eingesetzt, seit Ende des 17. Jahrhunderts Arabische und seit Ende des 18. Jahrhunderts Englische Vollblüter sowie Angloaraber. Damals waren die Senner eine begehrte Kulturrasse und wurden bis 1803 ganzjährig im Freien halbwild in Herden gehalten. Sie lebten im Teutoburger Wald und in der kargen Heidelandschaft Senne in Ostwestfalen. 1160 wurden diese Pferde erstmals urkundlich erwähnt, als der Bischof von Paderborn, Bernhard zur Lippe, dem von ihm gegründeten Kloster Harderhausen einige seiner ungezähmten Stuten schenkte. Für sie wurde 1541 der Begriff „Sender" beziehungsweise „Senner" geprägt. Die Abstammung aller heutigen Senner lässt sich anhand des Stutbuchs, das heute im Staatsarchiv Detmold liegt, lückenlos auf die Stammstute *David* zurückverfolgen, die 1725 in Lopshorn geboren wurde. Bis zum Ende des Ersten Weltkrieges wurde die Zucht von lippischen Landesherren betrieben. Nach der Enteignung 1919 führte der Verband Lippischer Pferdezüchter die Zucht im Auftrag des Landes Lippe weiter. Seit 1935 verdanken die Edelpferde ihr Fortbestehen privatem Engagement. Das Ursprungszuchtbuch wird vom Zuchtverband für Senner Pferde geführt. Das Senner Pferd wird als extrem gefährdet

eingestuft: 2007 gab es weltweit nur 16 zuchtaktive Stuten, fünf für die Sennerzucht zugelassene Hengste der Rassen Englisches Vollblut und Angloaraber und einen von einem Zuchtverband der Deutschen Reiterlichen Vereinigung (FN) anerkannten und eingetragenen Sennerhengst.

Steckbrief

Herkunft:	Teutoburger Wald und das Gebiet Senne in Nordrhein-Westfalen, Deutschland
Zuchtverband:	Zuchtverband für Senner Pferde
Hauptzuchtgebiet:	Nordrhein-Westfalen
Verbreitung:	Deutschland
Stockmaß:	1,58 bis 1,65 Meter
Farben:	alle Grundfarben, überwiegend Braune
Zuchtziel:	leichter, edler Reitpferdetyp mit langen Linien, korrektem Fundament und raumgreifenden Bewegungen
Temperament:	hart, ausdauernd, willig
Verwendung:	elegantes, temperamentvolles Reitpferd
Besonderheiten:	Der Zuchtverband für Senner Pferde nimmt für sich in Anspruch, dass der Senner die älteste deutsche Pferderasse ist; sie wird seit jeher nur für Reitzwecke gezüchtet.
Kontakt:	**www.senner.de**

FALABELLA

DAS KLEINSTE PFERD DER WELT

Der weltweite Bestand dieser Miniaturpferderasse ist mit wenigen Tausend Exemplaren gering, die meisten Falabellas leben auf argentinischen Farmen, in Europa sind sie kaum verbreitet. Das Falabella wird ausschließlich auf kleinen Wuchs hin gezüchtet. Seine Herkunft ist nicht eindeutig geklärt. Eine der wahrscheinlichsten Theorien besagt, dass die Falabellas wie die anderen lateinamerikanischen Pferde auf die von den spanischen Eroberern mitgebrachten Pferde zurückgehen, darunter möglicherweise auch Shetlandponys. Versprengte Exemplare überlebten in der Steppe, das karge Futter, die harten klimatischen Bedingungen und die Inzucht bedingten die Kleinwüchsigkeit der Vorfahren dieser Liebhaberzucht. Die Familie Falabella paarte die kleinsten Pferde – die möglicherweise auch Criollo-Blut führten – ab 1869 auf ihrer Hazienda nahe Buenos Aires mit verschiedenen kleinen Warm- und Vollblütern, selektierte streng nach Zwergenwüchsigkeit und auf Basis konsequenter Inzucht. Um 1940 wurde ein Zuchtregister eingerichtet. 1977 kamen die Falabellas nach England und Europa.

Steckbrief

Herkunft:	Argentinien
Zuchtverband:	Asociacion de Criadores de Caballos Falabella, alle Miniatur-Pferde-Zuchtverbände weltweit
Hauptzuchtgebiet:	Argentinien
Verbreitung:	Argentinien, USA, Kanada, Großbritannien
Stockmaß:	bis 0,86 Meter
Farben:	alle, häufig Braune und Rappen
Zuchtziel:	korrektes, eher elegantes Exterieur, feiner Kopf mit geradem oder leichtem Hechtprofil, gut angesetzter, nicht zu kurzer Hals und wenig ausgeprägter Widerrist, mit kurzem, geradem Rücken, kräftigen, schlanken, nicht zu kurzen Beinen
Temperament:	ruhig, freundlich, gelehrig
Verwendung:	Gefährten für Kinder, Kutsch-, Zirkuspony, Blindenpferd
Besonderheiten:	Die Falabellas haben nur 17 statt 18 Rippen auf jeder Seite und sind zum Reiten nicht geeignet.
Kontakt:	**www.falabellahorse.com** **www.falabellafmha.com**

AMERICAN MINIATURE HORSE

DAS (MINIATUR-)PFERD FÜR JEDERMANN

Die Geschichte des American Miniature Horse ist vielschichtig. Gesichert ist, dass eine englische Zeitung im Jahr 1765 von der Ankunft eines 76 Zentimeter kleinen, edlen Mini-Hengstes aus Bengal sowie von einer nur 71 Zentimeter kleinen Stute aus Ostindien auf dem britischen Kontinent berichtet. Kleine, elegante Pferdchen wurden im 19. Jahrhundert an europäischen Königshöfen als „Spielgefährten" für die Adelskinder gehalten. Während die Rasse in Europa vor allem bedingt durch Kriege ausstarb, gelangten einige Exemplare nach Übersee. In den USA wurden sie systematisch mit Hackney Ponys, Falabellas und Shetlandponys angepaart, um eine elegante, feingliedrige Pferderasse im Miniaturformat zu erhalten, die sich durch herausragenden Bewegungsablauf und einwandfreien Charakter auszeichnet. 1970 wurde ein erstes Stutbuch von der „American Miniature Horse Registry" gegründet. Die „American Miniature Horse Association" (AMHA) wurde 1978 in Arlington, Texas, ins Leben gerufen und legte heute den – bisher noch weltweit gültigen – Zuchtstandard fest. Ziel der Verbände ist, das Fortbestehen der Rasse zu sichern und sie von anderen Pony- und Kleinpferderassen klar abzugrenzen. Es wird Wert darauf gelegt, dass es sich beim American Miniature Horse hinsichtlich Proportionen, Knochenbau, Charakter und Gangwerk um die Miniaturausgabe eines Großpferdes handelt – nicht um ein Pony. 1987 wurde das US-amerikanische Zuchtbuch geschlossen, seither werden nur noch Fohlen mit registrierten Eltern bei der AMHA anerkannt. Nach 1995 geborene Tiere werden DNA-getestet, um die Zuchtreinheit ihres Nachwuchses zu garantieren. 1976 kamen die amerikanischen Miniaturpferdchen erstmals nach Europa, 2003 wurden die ersten Exemplare in Deutschland beim Bayerischen Zuchtverband für Spezialpferderassen registriert.

PRZEWALSKI-PFERD

DER LETZTE WILD LEBENDE URAHN

Der mongolische Wildling namens „Takhi", das Przewalski-Pferd, hat 66 Chromosomen, zwei mehr als andere Pferderassen. Lange Zeit galt das schopflose Wildpferd mit der Stehmähne als alleiniger Urahn unserer Hauspferde. Diese Theorie ist wissenschaftlich widerlegt. Das in Zentralasien beheimatete Przewalski-Pferd ist lediglich eine der urtümlichen Pferdeformen, allerdings die einzige noch existierende. Heute leben insgesamt rund 2000 Tiere in Zoos,

Reservaten und in der Wildbahn. Seinen Namen verdankt es dem russischen Oberst Nikolai Przewalski (1839 bis 1888). Der Forschungsreisende brachte 1878 einen Schädel und ein Fell mit nach Moskau. Schriftlich erwähnt wurden die mongolischen Wildpferde bereits durch andere vor ihm, der Früheste war ein Bayer namens Hans Schiltberger (1427). Seit Mitte des 19. Jahrhunderts wurden die vorher in den Steppengebieten Zentralasiens beheimateten Wildpferde in

Herkunft:	Steppengebiete Zentralasiens
Zuchtverband:	Das internationale Zuchtbuch wird vom Prager Zoo geführt.
Hauptzuchtgebiet:	Tschechische Republik, Ukraine, Mongolei, Ungarn
Verbreitung:	alle Kontinente, wild lebend in der Mongolei, in Ungarn und China
Stockmaß:	1,25 bis 1,47 Meter
Farben:	im Sommer rotbraun, im Winter gelbbraun, mit Wildzeichnung
Zuchtziel:	gedrungen gebautes Pferd mit verhältnismäßig kurzen Beinen, dickem Hals und großem Kopf mit konvexer Nasenlinie, mit Wildpferdezeichnung
Temperament:	wild, erhöhtes Aggressionsniveau
Besonderheiten:	Das Przewalski ist die einzige noch existierende ursprüngliche Wildpferderasse. Alle heutigen „Wildpferde" wie nordamerikanische Mustangs und australische Brumbys sind Nachkommen verwilderter Hauspferde.
Kontakt:	www.zoopraha.cz/english/plemenne_knihy.php www.Treemail.nl/takh www.zoo-koeln.de/takhi/Seiten/Zucht.html

die Trockensteppen und Halbwüstengebiete der Mongolei und Chinas zurückgedrängt. 1899 wurden erste Exemplare gefangen; unter anderem ließ der deutschstämmige Baron Friedrich von Falz-Fein einige Tiere auf sein Gut bei Askania Nova in der Ukraine bringen. Anfang des 20. Jahrhunderts kaufte der deutsche Tierhändler Carl Hagenbeck einige Przewalski-Pferde und verteilte sie in europäischen Tiergärten. 1906 wurde in Halle/Saale das erste in Gefangenschaft lebende Fohlen geboren. Das Przewalski-Pferd starb um 1970 in der Wildbahn aufgrund exzessiver Bejagung und der Ausbreitung der Weidewirtschaft aus. Das letzte Exemplar wurde 1968 in der Wüste Gobi in der Mongolei gesichtet. Die heutige Zucht geht auf nur 13 Pferde zurück, da sich nur wenige Tiere in Gefangenschaft fortpflanzten und nur vereinzelte die ersten Lebensjahre überstanden. 1959 wurde das „International Studbook for the Przewalski's Horse" veröffentlicht, das jährlich durch den Prager Zoo aktualisiert wird. Auf seiner Basis wurde ein Weltzuchtprogramm erarbeitet.

Ziel ist, das Przewalski-Pferd zu erhalten und wieder auszuwildern. Dafür wurden seit 1980 unter anderem in der Ukraine, in Kanada, China, Deutschland, Frankreich und den Niederlanden „Semireservate" eingerichtet. 1994 wurden in der Mongolei erste Tiere erfolgreich in die Freiheit entlassen. 1999 wurde die „International Takhi Group" gegründet, die seither das Projekt leitet.

MONGOLEN PONY

(Foto: Gabriele Kärcher)

DER DIREKTE NACHKOMME DES PRZEWALSKI

Die Mongolei ist ein Pferdeland – es gibt mehr Pferde als Einwohner. Die Pferde werden von den Mongolen in großen halbwilden Herdenverbänden gehalten. Wer ein Pferd für die Arbeit oder ein Rennen braucht, muss es sich einfangen. Entstanden ist das Mongolen Pony aus dem mongolischen (Ur-)Wildpferd (Equus przewalski poliakow), das der russische Oberst Przewalski 1878 entdeckte. Damit ist das Mongolen Pony ein direkter Nachkomme des Przewalskipferdes. Älteste Aufzeichnungen über den derben, eher primitiv anmutenden mongolischen Vierbeiner gehen auf das Jahr 2000 v. Chr. zurück. Da sich das Land über mehr als 2500 Kilometer in Ost-West-Richtung erstreckt, waren und sind Kreuzungsversuche eine örtlich begrenzte Angelegenheit. Einen offiziellen Zuchtverband, der die Rasse kontrolliert, gibt es nicht. Durch regionale Anpaarungen – unter anderem mit russischen Trabern und Donpferden – bekamen die daraus entstandenen Mongolen Ponys mehr Größe und Adel. Um einen sportlicheren Typ zu züchten, kreuzen die reichen Mongolen vor allem für Galopprennen europäischen Stils Mongolenstuten mit Budjonnys, Arabern und Vollblütern. Neben den drei Grundgangarten bietet das Mongolen Pony oft auch Tölt und Pass an.

Steckbrief

Herkunft:	*Mongolei*
Hauptzuchtgebiet:	*Mongolei*
Verbreitung:	*Mongolei*
Stockmaß:	*1,35 bis 1,45 Meter*
Farben:	*alle, oft Falbe mit Aalstrich und Wildzeichnung*
Kennzeichen:	*widerstandsfähiges kleines Pferd in verschiedenen Typen, geeignet als Arbeits- und Rennpferd, im Urtyp nicht selten mit großem, derbem Kopf, breiter Brust und kurzem, kräftigem Hals, teilweise gefälligerer und zierlicherer Typ*
Temperament:	*Die Mongolen unterscheiden drei Stufen von freundlich bis abweisend.*
Verwendung:	*Hirtenpferd, Fleisch-, Leder- und Milchlieferant, Distanz- und Pferderennen*
Besonderheiten:	*Das Mongolen Pony ist direkter Nachfahre des Przewalski-Pferdes und in der Mongolei verbreiteter als der Mensch.*
Kontakt:	***www.mongolische-pferde.de*** * **www.mongolei.de***

TARPAN

Steckbrief

Herkunft:	*Mittel- und Osteuropa*
Zuchtverband:	*Verband der Pony- und Kleinpferdezüchter Hannover, Pferdestammbuch Weser-Ems, Deutschland*
Verbreitung:	*Reservate in Polen sowie in Zoos*
Stockmaß:	*1,20 bis 1,30 Meter*
Farbe:	*Falbe ohne helle Abzeichen*
Zuchtziel:	*Rückzüchtung des ursprünglichen kalibrigen, Blätter fressenden Waldpferdes; Merkmale des heutigen Tarpans sind mausgraues Fell mit dunklem Aalstrich, zweifarbige Mähne, Zebra-streifen an den Vorderfußwurzelgelenken, harte Hufe, breiter, leicht gewölbter Kopf, dunkles Maul*
Temperament:	*zäh, ausdauernd, unempfindlich gegen Wetter und Krankheiten*
Verwendung:	*Wildpferd, auch als Zug- und Reitpferd*
Besonderheiten:	*Der Tarpan in seiner heutigen Form ist eine „Ab-bildzüchtung" (das Ergebnis von Rückzüchtungen).*
Kontakt:	**www.wildgehege-neandertal.de/tarpane.htm**
	www.ponyhannover.de
	www.psbwe.de

DAS ABBILD

Tarpan bedeutet auf Russisch „wildes Pferd". Die heute le-benden Exemplare sind das Ergebnis von Rückzüchtungen, denn das Erbmaterial ist verloren und kann nicht wiederher-gestellt werden.

Der ursprüngliche Tarpan, der vor 10.000 Jahren als Step-pentarpan und Waldtarpan auf dem europäischen Kontinent bis weit nach Asien hinein verbreitet war, ist um das 19. Jahr-hundert ausgerottet worden. Er ist einer der Urahnen unse-rer Hauspferderassen. Als Folge der zunehmenden Bevölke-rungsdichte und des Konkurrenzdrucks um Weideflächen schwanden die großen Herden. Auch wurden die kleinen Wildpferde abgeschossen, weil sie sich mit Hauspferden paar-ten und Rassevermischungen verhindert werden sollten. Ihr Fleisch galt als Delikatesse. 1780 wurden in Polen die letz-ten Waldtarpane gefangen und in dem südpolnischen pri-vaten Wildpark Zwierzyniec untergebracht, 1808 wurden sie aus wirtschaftlichen Gründen an heimische Bauern verteilt, die sie mit Arbeitspferden kreuzten. Der letzte wild leben-de Waldtarpan soll etwa 1805 und der letzte Steppentar-pan um 1876 getötet worden sein. Das letzte in Gefangen-schaft lebende Tier starb 1879 im Moskauer Zoo.

In den 1930er-Jahren begann Prof. Heinz Heck vom Tier-park München/Hellabrunn mit Rückzüchtungsversuchen auf Basis von Przewalski- und Islandpferden sowie got-ländischen Ponystuten, später wurden Koniks und Dülme-ner eingekreuzt. Heute gibt es etwa drei Dutzend eingetra-gene Exemplare, die in Reservaten in Polen sowie in Zoos leben.

SORRAIA

WURZELN BIS IN DIE STEINZEIT

Sorraias sind kleine Warmblutpferde, keine Ponys. Benannt wurden sie nach den portugiesischen Flüssen Sôr und Raia: An ihren Ufern entdeckte der portugiesische Hippologe Dr. Ruy d'Andrade 1927 wild lebende Pferde. Sorraias ähneln sowohl dem Tarpan als auch dem mongolischen Wildpferd und sind eine der Stammformen unserer Hauspferde. Mit Vasco da Gama und Christoph Kolumbus kamen die Urahnen der Mustangs nach Amerika. Die Wurzeln der geschmeidigen Sorraias, die jahrhundertelang den portugiesischen Rinderhirten dienten, lassen sich bis in die ältere Steinzeit (40.000 v. Chr.) zurückverfolgen. 1975 begründete der deutsche Tierarzt Dr. Michael Schäfer mit seinen importierten Exemplaren eine der wertvollsten europäischen Zuchten dieser Rasse. Die heute lebenden Sorraias gehen auf elf Tiere zurück. Der Verein „Sorraia Germany" versucht, das Überleben der Rasse zu sichern und in Portugal ein Reservat einzurichten. Weltweit leben derzeit nur noch rund 180 reinrassige Exemplare. Das Stutbuch wird in Lissabon geführt.

Die sehr ursprünglichen Sorraias sind ebenso hübsch wie auffällig und noch dazu gut proportioniert. Sie eignen sich trotz ihres manchmal eigenwilligen Temperaments bestens zum Reiten.

Steckbrief

Herkunft:	*nordöstlich von Lissabon, Portugal*
Zuchtverband:	*Sorraia Mustang Studbook Lissabon*
Hauptzuchtgebiet:	*Portugal, Deutschland*
Verbreitung:	*Portugal, Deutschland, USA*
Stockmaß:	*1,40 bis 1,53 Meter*
Farben:	*meist Gelbfalben („ratos"), Grau- und Dunkelfalben („boiras") mit Wildzeichnung, keine weißen Abzeichen*
Zuchtziel:	*schlankes, schmales Pferd mit gut proportioniertem, sehnigem Körper, von guter Flexibilität, mit kleinem, leicht konvexem, edlem Ramskopf, schwarz umrandeten langen Ohren, langem, dünnem Hals, abfallender Kruppe*
Temperament:	*ausgeglichen, manchmal „dickköpfig", anspruchslos, freundlich*
Verwendung:	*Freizeitpferd vor allem für Kinder, Western, Saumpferd, Viehtrieb*
Besonderheiten:	*Das Sorraia existiert nur noch in Privathand; einige zeigen Tölt.*
Kontakt:	***www.sorraia.org***
	www.sorraia-stiftung.de

ALPHABETISCHER INDEX

NÜTZLICHE ADRESSEN

INTERNATIONAL

Fédération Equestre Internationale (FEI)
Avenue Mon Repos 24
CH-1005 Lausanne
Tel. +41 213104747
www.horsesport.org

DEUTSCHLAND

Deutsche Reiterliche Vereinigung e.V. (FN)
Bundesverband für Pferdesport und Pferdezucht
Freiherr-von-Langen-Straße 13
D-48231 Warendorf
Tel. +49 2581/6362-0
www.pferd-aktuell.de

ÖSTERREICH

Zentrale Arbeitsgemeinschaft
Österreichischer Pferdezüchter (ZAP)
Wiener Straße 64
A-3100 St. Pölten
Tel. +43 2742/259-3103
www.pferdezucht-austria.at

Österreichischer Zuchtverband für Ponies,
Kleinpferde und Spezialrassen
Geschäftsstelle Wien
Cobenzlgasse 67 B
A-1190 Wien
Tel. +43 680 212 55 38
www.pony.at

Bundesfachverband für Reiten und Fahren in Österreich
Geiselbergstrasse 26–32/Top 512
A-1110 Wien
Tel. +43-1-7499261-13
www.fena.at

SCHWEIZ

Schweizerischer Verband für Pferdesport
Box 726, Papiermühlestrasse 40H
CH-3000 Bern 22
Tel. +41 31335434
www.svps-fsse.ch

CADMOS
PFERDEBÜCHER

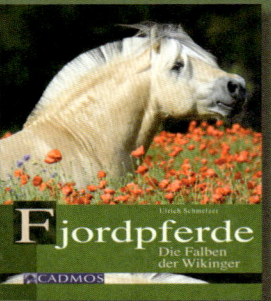

Ulrich Wulf

TIROLS BLONDE PFERDE

Ein Porträt des Haflingers mit wunderschön stimmungsvollen Bildern und informativen Texten rund um Geschichte und Gegenwart der Pferderasse aus Südtirol.
Autor Ulrich Wulf, selbst Haflinger-züchter seit Jahrzehnten, widmet sich ausführlich den Themen Zucht und Haltung und stellt die vielseitigen Einsatzmöglichkeiten der sympathi-schen Kleinpferde in Sport und Freizeit vor.

80 Seiten
farbig, gebunden
ISBN 978-386127-441-4

Ulrich Schmelzer

FJORDPFERDE

Dem urwüchsigen Charme der Fjordpferde kann man sich nur schwer entziehen: Mit ihrer auffälligen Silhouette und der markan ten Falbfärbung erobern sie die Herzen von Pferdefreunden im Sturm. Doch auch die inneren Werte stimmen. Die Vielseitigkeit der Fjordpferde und ihr goldener Charakter sind ebenso Themen dieses Buches wie ei Einblick in die Geschichte der Rasse sowie Tipps zur Haltung und Pflege.
Eine Augenweide sind die großformatigen Aufnahmen der sympathischen Falben.

96 Seiten
farbig, gebunden
ISBN 978-386127-433-9

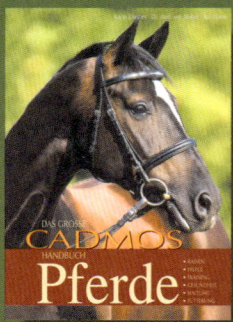

Angelika Schmelzer

ALLES ÜBER DAS DEUTSCHE REITPONY

Das Deutsche Reitpony ist weit mehr als ein Deutsches Reitpferd im Kleinformat: Dieser kompakte Ratgeber stellt die typvolle, sportliche und verlässliche Rasse vor und ver-mittelt das notwendige Grundwissen rund um Kauf und Pflege des Deutschen Reitponys.

32 Seiten
farbig, broschiert
ISBN 978-386127-270-0

Angelika Schmelzer

PFERDEVERHALTEN RICHTIG VERSTEHEN

Die Autorin führt den Leser auf ebenso verständliche wie anregende Weise in die Verhaltensforschung ein und stellt den Bezug zwischen pferdetypischen Ver-haltensweisen und der praktischen Pferde-haltung her. Ein Muss für alle Pferde-freunde, die der wahren Natur ihrer Vierbeiner auf den Grund gehen wollen.

80 Seiten
farbig, broschiert
ISBN 978-386127-528-2

Karin Drewes

DAS GROSSE CADMOS HANDBUCH PFERDE

Dieses Buch gibt dem Pferdebesitzer auf über 200 Seiten umfassende Informationen über alle wichtigen Aspekte rund ums Pferd: von Porträts der bedeutendsten Rassen über die Grundlagen der art-gemäßen Pferdehaltung bis hin zu einem sicheren Umgang mit dem Pferd und dem erfolgreichen Training.

208 Seiten
farbig, gebunden
ISBN 978-386127-422-3

Cadmos Verlag GmbH · Im Dorfe 11 · 22946 Brunsbek
Tel. 04107 8517-0 · Fax 04107 8517-12 · info@cadmos.de
Besuchen Sie uns im Internet: **www.cadmos.de**

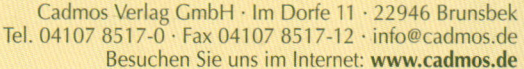